道路货物运输安全生产监督检查指导手册

交通运输部运输服务司 审　定
交通运输部科学研究院 组织编写

人民交通出版社股份有限公司
北　京

内 容 提 要

本书由行业管理机构内部综合安全监管、行业管理机构对企业的安全生产监督检查、道路货物运输安全生产监督检查指导表三部分构成，供各级行业管理机构对交通运输企业进行安全生产检查、上级行业管理机构对下级行业管理机构安全生产工作履职情况检查时参考。

图书在版编目(CIP)数据

道路货物运输安全生产监督检查指导手册/交通运输部科学研究院组织编写. —北京：人民交通出版社股份有限公司，2023.1

ISBN 978-7-114-18275-4

Ⅰ.①道… Ⅱ.①交… Ⅲ.①公路运输—货物运输—交通运输安全—交通运输管理—中国—手册 Ⅳ.①U492.8-62

中国版本图书馆 CIP 数据核字(2022)第 194115 号

Daolu Huowu Yunshu Anquan Shengchan Jiandu Jiancha Zhidao Shouce

书　　名：道路货物运输安全生产监督检查指导手册
著 作 者：交通运输部科学研究院
责任编辑：姚　旭
责任校对：孙国靖　宋佳时
责任印制：张　凯
出版发行：人民交通出版社股份有限公司
地　　址：(100011)北京市朝阳区安定门外外馆斜街 3 号
网　　址：http://www.ccpcl.com.cn
销售电话：(010)85285857
总 经 销：人民交通出版社股份有限公司发行部
经　　销：各地新华书店
印　　刷：北京科印技术咨询服务有限公司数码印刷分部
开　　本：880×1230　1/32
印　　张：4.375
字　　数：144 千
版　　次：2023 年 1 月　第 1 版
印　　次：2025 年 8 月　第 3 次印刷
书　　号：ISBN 978-7-114-18275-4
定　　价：30.00 元

审定委员会

编写委员会

前　言

为深入贯彻落实习近平总书记关于安全生产的重要指示精神,推进行业安全生产监督检查工作系统化、规范化、标准化,以提升行业安全生产治理能力为目标,以规范行业安全检查为落脚点,交通运输部运输服务司组织交通运输部公路科学研究院、交通运输部科学研究院、长安大学编写了《道路运输安全生产监督检查指导手册》(以下简称《指导手册》)。

《指导手册》为道路运输安全生产监督检查人员应知应会的工具书,重点解决行业管理"不会管、不想管、不敢管、不知道怎么管"的问题,既能用于各级行业管理机构对交通运输企业的安全生产检查,也能用于上级行业管理机构对下级行业管理机构安全生产工作履职情况的检查。

《指导手册》有利于统一检查标准和要求,通过细化各领域的检查内容和要求,避免检查单位或个人依据经验开展检查工作可能存在的盲区和漏洞;有利于规范检查程序,通过明确检查程序和检查方法等,指导检查人员有目标、有步骤、有内容地开展检查,切实落实检查的各项工作要求;有利于突出检查重点,通过行业各业务领域的检查要点,指导检查人员更有针对性地选择检查对象和内容，突出重点，提高效率；有利于推动行业安全监管责任落实，通过明确各项检查内容的检查依据、处罚依据等，指导检查人员依法依规开展检查，落实行业监管责任；有利于企业明确行业监管重点，推动企业落实安全生产责任，提升安全管理水平。

希望《指导手册》的出版，能够促进提升道路运输安全生产监督检查工作水平，指导和推动企业进一步规范安全生产管理，落实好安全生产主体责任。

编写委员会

2022 年 8 月

目　录

第一部分　行业管理机构内部综合安全监管

序号	监管职责	监管依据	检查内容	检查记录
1	设置安全管理机构及配备安全监督管理人员	《交通运输部关于推进交通运输安全体系建设的意见》 19. 加强安全管理力量配备。……交通运输管理部门应完善部、省、市、县四级安全管理机构，明确相应专职安全监督管理人员。有通航水域或农村公路通营运车辆的乡镇按规定配备专（兼）职安全监督管理人员。…… 《交通运输部关于进一步加强交通运输安全生产体系建设的意见》 （四）推动健全部门协同工作机制，做到权责一致、职责明晰、信息互通。深化交通运输综合执法机构，强化安全生产监管执法	通过资料审查和现场检查的方式，检查行业管理机构“三定方案”中对于安全管理机构设置及安全监督管理人员配备情况，是否设置安全管理机构，是否配备与监管任务相匹配的专职安全监督管理人员。 通过资料审查和现场检查的方式，检查是否建立部门协同工作机制，并有序推进交通运输综合执法机构改革	

续上表

序号	监管职责	监管依据	检查内容	检查记录
2	制定安全生产权力和责任清单	《中共中央　国务院关于推进安全生产领域改革发展的意见 （八）严格责任追究制度。……依法依规制定各有关部门安全生产权力和责任清单，尽职照单免责、失职照单问责。……	通过资料审查的方式，检查行业管理机构是否制定安全生产权力和责任清单，清单是否向社会公开	
3	建立健全安全生产管理制度	《交通运输部关于推进交通运输安全体系建设的意见》 2. 完善安全生产制度。……各级交通运输管理部门应建立健全重点监管名单、责任追究、“一岗双责”、隐患排查治理、奖惩激励、诚信管理、安全生产约谈、挂牌督办、监督检查、巡视等安全生产管理制度。……	通过资料审查的方式，检查行业管理机构是否制定重点监管名单、责任追究、“一岗双责”、隐患排查治理、奖惩激励、诚信管理、安全生产约谈、挂牌督办、监督检查、巡视等安全生产管理制度，各项制度是否得到严格执行	

续上表

序号	监管职责	监管依据	检查内容	检查记录
4	保障安全管理工作经费	《交通运输部关于推进交通运输安全体系建设的意见》 20. 保障安全生产费用和工作经费。…… 各级交通运输管理部门应将安全管理工作经费列入年度部门预算,主要用于安全生产考核评价、巡视和检查、事故原因调查、企业标准化建设、宣传教育培训等。实现每年安全生产经费预算到位,专款专用。……	通过资料审查的方式,检查行业管理机构是否将安全管理工作经费列入年度部门预算;经费是否预算到位、专款专用;经费是否使用合理,用于安全生产考核评价、巡视和检查、事故原因调查、企业标准化建设、宣传教育培训等	

续上表

序号	监管职责	监管依据	检查内容	检查记录
		《交通运输部关于进一步加强交通运输安全生产体系建设的意见》 （二十）保障安全生产资金投入。推动地方交通运输管理部门加大安全基础设施建管养、监管执法车船与装备、应急设施装备和安全科技与信息化投入力度，为公共交通运输装备及枢纽场站更新改造提供资金支持。各级交通运输管理部门将安全生产管理工作经费列入部门预算，专门用于交通运输安全生产工作，确保预算到位、专款专用		

续上表

序号	监管职责	监管依据	检查内容	检查记录
5	组织开展安全生产监督检查	《中华人民共和国安全生产法》 第六十二条　县级以上地方各级人民政府应当根据本行政区域内的安全生产状况，组织有关部门按照职责分工，对本行政区域内容易发生重大生产安全事故的生产经营单位进行严格检查。应急管理部门应当按照分类分级监督管理的要求，制定安全生产年度监督检查计划，并按照年度监督检查计划进行监督检查，发现事故隐患，应当及时处理。	1. 通过资料审查的方式，检查行业管理机构是否制定安全生产检查办法、编制检查手册，是否制定安全生产年度监督检查计划，检查计划是否包括时间安排、主要事项、检查频次、履职方式和任务分工等内容，检查对象是否包括本行政区域内容易发生重大生产安全事故的道路运输生产经营单位。 2. 通过资料审查和抽查的方式，检查行业管理机构是否按照年度监督检查计划进行监督检查。 3. 通过资料审查的方式，检查行业管理机构是否下发检查通报、隐患整改通知书等，督促生产经营单位及时治理事故隐患、落实安全生产主体责任	

续上表

序号	监管职责	监管依据	检查内容	检查记录
5	组织开展安全生产监督检查	《交通运输部关于进一步加强交通运输安全生产体系建设的意见》 （六）严格履行安全生产监管责任。健全完善安全生产党政同责、专业监管、部门协同、网格管理的责任体系，规范履责行为。制定安全生产检查办法，编制检查手册，落实年度监督检查计划，采取随机抽查、明察暗访等方式，强化对部门安全监管履职情况和企业主体责任落实情况检查。 （七）压实企业安全生产主体责任。……		

续上表

序号	监管职责	监管依据	检查内容	检查记录
6	推进风险隐患双重预防机制建设及落实	《交通运输部关于进一步加强交通运输安全生产体系建设的意见》 （十二）加强安全生产形势研判。加强行业安全发展政策及热点问题研究，强化形势研判，发布分析报告。高度重视安全生产普遍性和苗头性问题……	1. 通过资料审查的方式，检查行业管理机构是否通过行业研讨、课题研究、报告发布、文件制定等形式加强对行业安全生产形势的研判，是否建立了安全生产风险管控机制，开展风险动态监测预警，对重点领域及新业态风险开展评估和管控。 2. 通过资料审查的方式，检查行业管理机构是否建立健全重大隐患治理督办制度，并将重大隐患整改情况纳入年度安全生产监督检查计划内容，是否对发现存在重大隐患的生产经营单位实行挂牌督办。 3. 通过资料审查的方式，检查行业管理机构是否建立与管理部门互联、与企业联网的隐患排查治理信息系统	

续上表

序号	监管职责	监管依据	检查内容	检查记录
6	推进风险隐患双重预防机制建设及落实	（十三）强化安全生产风险管控。健全安全生产风险研判机制、决策风险评估机制、风险防控协同机制、风险防控责任机制。全面辨识安全生产系统性、区域性、多发性和偶发性重大风险，加强风险动态监测预警，落实管控责任和措施。严格落实重大危险源备案制度，加强重大风险报送管理，实行重大风险监测管控“一项一案”“一企一策”。加强旅客运输、危险货物运输、城市轨道交通、港口危险货物存储和装卸、公路运营、工程建设施工等重点领域及新业态风险评估和管控，推进风险管理信息化、图斑化、精准化。		

续上表

序号	监管职责	监管依据	检查内容	检查记录
6	推进风险隐患双重预防机制建设及落实	（十四）强化安全生产事故隐患排查治理。推动企业建立健全隐患排查治理制度，完善隐患排查、治理、记录、报告全流程闭环管理，严格落实重大隐患治理情况向行业管理部门和企业职代会“双报告”制度，提倡企业建立安全生产事故隐患、违法违规行为举报奖励机制。研究制定和实施重点领域重大事故隐患判定标准或指南。严格落实重大隐患治理督办、整改销号，实施重大隐患清零、一般隐患“减增量去存量”。建立管理部门互联、与企业联网的隐患排查治理信息系统		

续上表

序号	监管职责	监管依据	检查内容	检查记录
7	推进安全生产信用体系建设	《交通运输部关于进一步加强交通运输安全生产体系建设的意见》 (六)……强化企业安全生产信用管理,建立基于信用等级的分级分类监管机制,依法实施失信惩戒和守信激励	1. 通过资料审查的方式,检查行业管理机构是否将管辖范围内的生产经营单位和从业人员安全生产信用填报工作纳入安全生产年度监督检查计划。 2. 通过资料审查的方式,检查行业管理机构是否建立基于信用等级的分级分类监管机制,依法实施失信惩戒和守信激励,对安全生产信用等级低的生产经营单位和从业人员,依法依规采取增加监督执法频次、作为重点监管监察对象、约谈、公开曝光、取消经营资质(格)或限制性经营、依法实施市场禁入或限入、从重处罚等措施予以惩戒	

续上表

序号	监管职责	监管依据	检查内容	检查记录
8	对有关安全生产的法律、法规和安全生产知识的宣传	《中华人民共和国安全生产法》 第十三条　各级人民政府及其有关部门应当采取多种形式,加强对有关安全生产的法律、法规和安全生产知识的宣传,增强全社会的安全生产意识。 《交通运输部关于推进交通运输安全体系建设的意见》 17. 提高安全监督管理人员业务素质。……各级交通运输管理部门应完善安全生产教育培训机制,有计划、有步骤地对各类安全监督管理人员进行轮训,切实提高综合素质和业务能力。…… 《交通运输部关于进一步加强交通运输安全生产体系建设的意见》 (二十一)强化安全生产宣传教育。 ……	1. 通过资料审查的方式,检查行业管理机构是否组织学习贯彻习近平总书记关于安全生产重要论述,是否集中开展学习教育,是否开展经常性、系统性宣传。 2. 通过资料审查的方式,检查行业管理机构是否组织对重要的、新制修订的、涉及安全生产的法律、法规、政策、制度开展宣贯培训。 3. 通过资料审查的方式,检查行业管理机构是否组织开展安全生产月活动,宣传道路运输行业安全生产相关法律、法规、政策、制度。 4. 通过资料审查的方式,检查行业管理机构是否对安全监督管理人员进行安全管理知识轮训。 5. 通过资料审查的方式,检查行业管理机构是否开展了道路运输企业主要负责人、安全生产管理人员的安全生产知识和管理能力考核	

续上表

序号	监管职责	监管依据	检查内容	检查记录
9	建立安全生产举报制度	《中华人民共和国安全生产法》 第七十三条　负有安全生产监督管理职责的部门应当建立举报制度，公开举报电话、信箱或者电子邮件地址等网络举报平台，受理有关安全生产的举报；受理的举报事项经调查核实后，应当形成书面材料；需要落实整改措施的，报经有关负责人签字并督促落实。对不属于本部门职责，需要由其他有关部门进行调查处理的，转交其他有关部门处理。 《交通运输部关于进一步加强交通运输安全生产体系建设的意见》 （四）健全完善安全生产举报制度，畅通举报渠道，充分发挥社会公众监督作用……	1. 通过资料审查的方式，检查行业管理机构是否建立举报制度，公开举报电话、信箱或者电子邮件地址等网络举报平台。 2. 通过资料审查和抽查的方式，检查行业管理机构是否按照程序规定对举报的事项进行核实和处理；对属于本部门职责、举报属实的是否督促处理到位；对不属于本部门职责的，是否及时移送有关部门处理	

续上表

序号	监管职责	监管依据	检查内容	检查记录
10	建立安全生产工作述职机制	《交通运输部关于推进交通运输安全体系建设的意见》 7. 落实安全生产“一岗双责”。……建立安全生产工作述职机制，各单位和各部门负责人应将安全生产工作履职情况作为年度述职的重要内容。……	通过资料审查的方式，检查行业管理机构负责人是否在年度述职中将安全生产工作履职情况作为一项内容	
11	落实安全生产监督管理层级责任	《交通运输部关于推进交通运输安全体系建设的意见》 6. 明晰安全生产监督管理责任。……交通运输主管部门和管理机构的安全生产监督管理层级责任链条完善，监督管理责任有效落实。…… 《交通运输部关于进一步加强交通运输安全生产体系建设的意见》	1. 通过资料审查的方式，检查行业管理机构是否落实道路运输安全生产的法律、法规、规章、政策，以及国家、上级管理部门有关安全生产工作部署。 2. 通过资料审查的方式，检查行业管理机构是否成立安全生产委员会，安全生产委员会主任是否由主要领导担任，每季度是否至少召开一次安全生产委员会会议。	

续上表

序号	监管职责	监管依据	检查内容	检查记录
11	落实安全生产监督管理层级责任	(六)严格履行安全生产监管责任。健全完善安全生产党政同责、专业监管、部门协同、网格管理的责任体系,规范履责行为。…… (七)压实企业安全生产主体责任。……	3. 通过资料审查的方式,检查行业管理机构是否对下级管理部门开展监督检查、业务指导、目标考核等,是否对企业开展监督检查	
12	制定生产安全事故应急救援预案,组织应急救援预案演练	《生产安全事故应急条例》 第五条　县级以上人民政府及其负有安全生产监督管理职责的部门和乡、镇人民政府以及街道办事处等地方人民政府派出机关,应当针对可能发生的生产安全事故的特点和危害,进行风险辨识和评估,制定相应的生产安全事故应急救援预案,并依法向社会公布。	1. 通过资料审查的方式,检查行业管理机构是否制定道路运输生产安全事故应急救援预案,预案是否具有针对性,考虑了可能发生的各类生产安全事故;预案编制过程中,是否进行了风险辨识和评估;预案是否定期评估和更新;预案是否依法向社会公布。 2. 通过资料审查的方式,检查行业管理机构是否定期组织应急救援预案演练,至少每 2 年组织 1 次生产安全事故应急救援预案演练。	

续上表

序号	监管职责	监管依据	检查内容	检查记录
12	制定生产安全事故应急救援预案，组织应急救援预案演练	第八条　县级以上地方人民政府以及县级以上人民政府负有安全生产监督管理职责的部门，乡、镇人民政府以及街道办事处等地方人民政府派出机关，应当至少每2年组织1次生产安全事故应急救援预案演练	3. 通过资料审查的方式，检查行业管理机构是否对应急预案演练进行了总结和评估，是否根据演练情况完善应急预案	
13	安全生产事故报告和统计分析	《中华人民共和国安全生产法》 第八十四条　负有安全生产监督管理职责的部门接到事故报告后，应当立即按照国家有关规定上报事故情况。负有安全生产监督管理职责的部门和有关地方人民政府对事故情况不得隐瞒不报、谎报或者迟报。 《交通运输部关于推进交通运输安全体系建设的意见》	1. 通过资料审查和抽查的方式，检查行业管理机构是否建立事故统计和报告制度，是否建立事故台账，发生事故是否及时报送事故快报，每月是否按期报送事故月报。	

续上表

序号	监管职责	监管依据	检查内容	检查记录
13	安全生产事故报告和统计分析	9.加强安全生产形势研判。……建立完善安全生产事故统计分析机制，编制分析报告。…… 《交通运输部关于进一步加强交通运输安全生产体系建设的意见》 （十五）加强事故调查和整改落实。加强安全生产事故调查统计，推进综合交通运输安全生产事故全口径统计分析。……	2.通过资料审查的方式，检查行业管理机构是否定期开展事故统计分析，编制季度、半年度、年度及重点时段的事故统计分析报告	
14	典型事故和重大风险事件教训吸取	《交通运输部关于推进交通运输安全体系建设的意见》 8.严格安全生产问责追责。……相关交通运输管理部门应对事故发生单位的整改措施落实情况加强监督检查。……	1.通过资料审查和抽查企业的方式，检查行业管理机构是否对事故发生单位的整改措施落实情况进行监督检查、督办指导。	

续上表

序号	监管职责	监管依据	检查内容	检查记录
14	典型事故和重大风险事件教训吸取	《中共中央　国务院关于推进安全生产领域改革发展的意见》 （十九）完善事故调查处理机制。……建立事故暴露问题整改督办制度，事故结案后一年内，负责事故调查的地方政府和国务院有关部门要组织开展评估，及时向社会公开，对履职不力、整改措施不落实的，依法依规严肃追究有关单位和人员责任。…… 《交通运输部关于进一步加强交通运输安全生产体系建设的意见》 （六）严格履行安全生产监管责任。…… 重点监管和公开曝光发生重特大安全生产事故（险情）、事故频发、重大风险管控和重大隐患整改不力、信用等级低的企业。……	2. 通过资料审查的方式，检查行业管理机构是否积极落实事故整改措施，完善相关制度标准；是否组织开展事故回头看活动。 3. 通过资料审查的方式，检查行业管理机构是否对发生重特大安全生产事故（险情）、事故频发、重大风险管控和重大隐患整改不力、信用等级低的企业进行重点监管和公开曝光。 4. 通过资料审查的方式，检查行业管理机构是否建立并执行了安全生产追责问责制度	

续上表

序号	监管职责	监管依据	检查内容	检查记录
14	典型事故和重大风险事件教训吸取	(八)严肃安全生产追责问责。…… (十五)加强事故调查和整改落实。完善事故追责问责,坚持调查问责与整改并重。探索建立重大险情约谈制度。……建立事故(险情)技术原因深度调查分析机制,深入剖析典型事故和重大险情发生原因。建立事故暴露问题整改督办制度,组织开展事故整改落实情况“回头看”,强化教训汲取		

第二部分　行业管理机构对企业的安全生产监督检查

第一章 检查总体要求

一、检查名录库

交通运输主管部门及交通运输综合执法机构(以下统称监管部门)应当按照职责分工和权限范围承担相应的道路运输安全生产监督管理工作。

市级监管部门应当按照职责分工,建立健全与抽查事项相对应的检查对象名录库和执法检查人员名录库(统称“两库”)并进行动态管理。可以根据需要吸收检测机构、科研院所、行业协会和专家学者等参与,建立技术专家名录库,为检查工作提供技术支持。

1. 检查对象名录库

监管部门应当通过运政系统等途径,采集并编制辖区内检查对象名录库,按照经营规模和类别进行分类标注,明确重点监管对象名录库,并实现动态更新管理。

2. 检查人员名录库

监管部门应当建立检查人员名录库,按照业务专长进行分类标注并实现动态更新管理。进入名录库的检查人员应持有执法门类为道路运政的交通运输行政执法证,并按规定参加在岗培训。

3. 技术专家名录库

监管部门聘请第三方专业机构或者技术专家为安全生产监督检查工作提供技术支持的,应建立技术专家名录库,按照专家业务专长进行分类标注，并根据履职情况进行动态更新。

进入技术专家名录库的人员原则上应满足下列条件：

(1)熟悉道路运输安全生产法律、法规、规章、标准和规范等；

(2)具有大专及以上学历；

(3)具有道路运输相关专业高级技术职称或者从事道路运输安全管理相关工作10年以上；

(4)能够深入现场开展相关业务，具有较强的发现、分析和解决事故隐患的能力；

(5)无违法、重大违纪行为和不良信用记录；

(6)符合其他地方管理的要求。

二、检查分类

检查主要分为综合检查和专项检查。综合检查内容参见第三部分。专项检查内容可以从第三部分所列检查项目中挑选具体项目确定，也可以根据实际工作需求确定。

1. 综合检查

综合检查是指监管部门依据法定职权，按照既定的检查计划对检查对象遵守安全生产法律、法规、规章，执行安全生产行政命令等情况进行全面了解、调查和监督的行为。

2. 专项检查

专项检查是指监管部门依据法定职权，在检查计划之外，针对发生一般及以上安全生产事故的，有被上级部门督查或者转办交办、投诉举报、媒体曝光、其他部门抄告重大事故隐患或安全生产违法违规行为的，或者针对重点节假日、重大活动，对检查对象遵守安全生产法律、法规、规章，执行安全生产行政命令等情况进行专项了解、调查和监督的行为。

三、检查计划

监管部门应认真贯彻落实“安全第一、预防为主、综合治理”的方针，根据《中华人民共和国安全生产法》等有关法律法规和规章要求，结合管辖区域内安全生产工作实际，制定年度安全生产监督检查计划，并根据工作需求适时调整完善。

（一）基本要求

1. 检查计划制定要求

监管部门应当贯彻落实道路运输相关的国家、行业和地方法律、法规、规章、标准和规范性文件，结合辖区内企业安全生产基本情况、季节性因素、年度工作重点、安全生产监管职责权限、行政执法队伍组成、技术装备和经费保障等实际情况，制定年度安全生产监督检查计划，并按照规定进行公示。

监管部门可以根据上级监督管理部门要求或者重特大事故教训开展检查计划之外的监督检查。

2. 检查计划内容

年度安全生产监督检查计划应包括：检查人员、检查时间、检查对象、检查内容、检查要求等内容；专项检查按照“双随机（即随机抽取检查对象、随机选派执法检查人员）”抽查事项清单开展（含每个抽查事项的名称、抽查主体、抽查依据、抽查内容、抽查方式等内容）。

（二）分类分级管理

1. 基本要求

监管部门每年应当结合辖区内道路运输企业的经营规模、经营范围和主要经营类别，以及上一年度安全生产监督检查结果、事故发生情况以及其他相关部门抄告信息等，对辖区内道路运输企业进行分类分级管理。其中，对涉及重大事故隐患、发生一般及以上负有同等责任及以上安全生产亡人事故、违法违规及违章次数多联网联控等信息化系统违法违规报警次数多,以及信用等级为最低等级(或质量信誉考核等级为最低等级)的企业或者单位,应纳入重点监管企业名单,加大检查频次和要求。其他类型企业纳入常规监管企业名单。重点监管企业名单应当按照要求进行公示。

监管部门应当充分利用联网联控等信息化手段,加强对检查对象的动态监控,提高利用信息化手段开展企业分类分级监管效力。

2. 检查频次

(1)县级属地监管部门应当根据分类分级结果和其他安全生产监督管理安排确定综合检查次数,对常规监管企业,每3年综合检查不少于1次;对重点监管企业,每年综合检查不少于1次。综合检查内容可分次完成。

(2)市州级监管部门对辖区内的重点监管企业,每年专项检查不少于1次。专项检查覆盖率和频次可结合实际工作需要确定。

(3)监管部门可会同其他承担安全生产监督管理职责的部门实行联合安全生产监督检查,联合安全生产监督检查可纳入被检查对象的检查频次统计。

(4)上级监管部门应当按照监管职责分工,定期对属地监管部门的安全生产监督检查活动进行督导,督导次数每年应不少于1次。其中,市级监管部门每年对区县级监管部门的督导应全覆盖,省级监管部门对市级监管部门的督导覆盖率不应小于50%。督导工作可以结合属地监管部门的安全生产监督检查结果开展,并视情对辖区内重点监管企业和常规监管企业分别安排不同频次和覆盖率的抽查,加大对重点监管企业的抽查比例。

四、检查工作要求

（一）检查方式

检查采用实地核查、书面检查和数据网络监测等方式，综合运用抽查、暗查、综合检查、专项检查、联合检查、设施设备监控等途径开展。

根据安全生产监督检查的方式、内容等，分别采用资料审查、查看与查证、座谈与询问等方法开展，内容如下。

（1）资料审查：通过查阅安全生产相关制度、实施记录、档案等资料，核查企业安全生产管理体系的完备性、有效性和落实程度。

（2）查看与查证：按照抽样方法，随机抽取车辆、装备、设施等，通过实地或者网络监测等方式，核查企业在车辆、装备、设施和安全生产管理方面的合规性和有效性。

（3）座谈与询问：通过现场交流和询问等方式，考查企业主要负责人、安全生产管理人员、关键岗位从业人员等相关人员对安全生产相关法规以及知识要求、安全操作技能以及突发事件应急处置的掌握程度。

各级监管部门可以单独实施安全生产监督检查，也可会同其他负有安全生产监督管理职责的部门实行联合检查，或者聘请专家参与检查，专家宜从技术专家名录库中抽选，或者在其法定权限内通过政府购买服务等方式委托具有能力的第三方服务机构实施检查，为履行安全生产监督管理工作提供专业技术支持，但不改变监管部门的监督管理责任。

（二）抽样方法

抽样方法按照“双随机（即随机抽取检查对象、随机选派执法检查人员）”抽查机制要求进行。对从业人员、装备设施、记录、档案等内容的具体抽样数量可以按照《计数抽样检验程序　第1部分：按接收质量限(AQL)检索的逐批检验抽样计划》(GB/T 2828.1—2012)的一次抽样方案一般检验水平Ⅰ进行简单随机抽样，总体数量与最低抽取样本数量见下表。

总体数量	样本数量	总体数量	样本数量
2~15	2	281~500	20
16~25	3	501~1200	32
26~90	5	1201~3200	50
91~150	8	3201~10000	80
151~280	13	10001~35000	125

凡涉及抽样检查的内容，安全生产监督检查人员对检查结果有疑问，或者认为检查事项风险较大时，可以扩大抽样比例，按照《计数抽样检验程序　第1部分：按接收质量限(AQL)检索的逐批检验抽样计划》(GB/T 2828.1—2012)的一次抽样方案一般检验水平Ⅱ进行简单随机抽样，总体数量与最低抽取样本数量见下表。

总体数量	样本数量	总体数量	样本数量
2~8	2	151~280	32
9~15	3	281~500	50
16~25	5	501~1200	80
26~50	8	1201~3200	125
51~90	13	3201~10000	200
91~150	20	10001~35000	315

(三)检查纪律

(1)安全生产监督检查人员、技术专家和第三方服务机构与被检查对象有利害关系的，应当回避。监督检查过程应当忠于职守，坚持原则，秉公执法，认真履行安全生产监督检查职责，正确行使安全生产监督检查权限。

(2)安全生产监督检查人员应当保守被检查对象的技术秘密和商业秘密，遵守被检查对象的有关规章制度，不得影响被检查对象的正常生产经营活动。

(四)检查记录

各级监管部门的检查工作记录内容应精细准确、简明扼要、结论明确。应当建立安全生产监督检查档案，并归档保存，保存期不少于3年。安全生产监督检查档案包括但不限于：

(1)安全生产年度监督检查计划；

(2)安全生产监督检查工作汇总表、记录表；

(3)安全生产监督检查相关证据(包括图片、视频、书证等)；

(4)安全生产监督检查报告；

(5)事故隐患整改相关材料或行政处罚决定相关材料；

(6)受理举报情况记录(包括举报内容、调查核实情况、整改落实情况等)。

按照“谁检查、谁录入、谁公开”的原则，将抽查检查结果通过运政系统、相关监管系统以及国家企业信用信息公示系统和全国信用信息共享平台等进行公示，接受社会监督。

第二章　检 查 流 程

一、检查准备

(1)监管部门应当依据安全生产年度监督检查计划,制定检查工作方案,工作方案应包括检查对象、人员、时间、内容等。

(2)监管部门应当根据安全生产监督检查工作方案,成立检查组,并从检查人员名录库中抽调不少于2名检查人员,持有合法有效的检查执法证件。可以根据实际需要,聘请技术专家(宜从技术专家库中抽取)或者具有能力的第三方服务机构参与检查。

(3)检查组应当实行组长负责制,由1名检查人员担任组长,明确检查组职责分工,参照第三部分《道路货物运输安全生产监督检查指导表》编制检查记录表。

(4)检查组应当提前熟悉被检查对象的相关信息。开展监督检查时,应当携带必要的文书和录音、录像或照相等取证设备。综合检查应提前3天告知被检查对象,专项检查可以根据实际需求,综合采用“四不两直”“双随机一公开”等形式开展。

二、现场检查

(1)检查开始前,检查组组长应主动出示合法有效的交通运输行政执法证,介绍检查组人员构成,说明检查事由,向被检查对象通报检查内容。

(2)检查过程中应当有企业代表人员在场。

(3)检查人员按照安全生产监督检查计划实施检查,填写安全生产监督检查记录表和检查工作汇总表,如实记录检查的时间、地点、内容、发现的问题及其处理意见等,保存提取的证据。

(4)进行检查时,检查人员不得影响被检查对象的正常生产经营活动,对涉及被检查对象的技术秘密和商业秘密,应当履行保密职责。

(5)检查结束后,应当向被检查对象通报检查情况,并就检查过程中发现的问题和检查意见由检查人员和被检查对象的负责人签字确认。负责人拒绝签字的,检查人员应当将情况记录在案,并向实施监督检查的监管部门报告。

(6)对检查中发现的安全生产隐患,应当及时告知被检查对象,并督促被检查对象立即整改,对整改难度较大、需一定时间方能整改消除的安全生产隐患,应当下发安全生产隐患整改通知书限期整改。

(7)通过文字、影像(照相机、录音机、摄像机、执法记录仪、视频监控等记录设备)等记录形式,对监督检查过程进行记录,并归档保存。

(8)安全生产监督检查工作汇总表应一式 3 份,由监管部门和被检查对象存留,监管部门存留 2 份,被检查对象存留 1 份。

三、检查结果处理

(一)安全生产隐患处理

(1)实施监督检查的部门和负有安全生产监督管理职责的部门应当督促被检查对象在规定期限内完成安全生产隐患整改。

(2)实施监督检查的部门和负有安全生产监督管理职责的部门应当对被检查对象的整改措施、责任、预案的落实情况进行跟踪，督促被检查对象上报安全生产隐患整改情况报告，对已达到整改要求的隐患予以确认，对符合验收结论及验收程序的重大事故隐患予以销号。对未采取措施消除安全生产隐患的，责令立即消除或者限期消除；对拒不执行的被检查对象，依法作出行政处罚。

(二)违法违规行为处理

对检查中发现的安全生产违法行为应当按照现有的法律法规和《交通运输行政执法程序》规定的程序依法作出行政处罚，涉嫌治安管理和刑事犯罪的，应当及时移交治安管理和司法机关，对没有行政处罚权的事项应当及时移交有行政处罚权的相关部门。

第三部分　道路货物运输安全生产监督检查指导表

一、企业资质及基础管理检查事项

序号	检查事项	检查内容	检查依据
1	资质条件	1. 许可资质。	1.【行政法规】《中华人民共和国道路运输条例》 第二十四条　申请从事货运经营的,应当依法向工商行政管理机关办理有关登记手续后,按照下列规定提出申请并分别提交符合本条例第二十一条、第二十三条规定条件的相关材料:……货运经营者应当持道路运输经营许可证依法向工商行政管理机关办理有关登记手续。使用总质量4500千克及以下普通货运车辆从事普通货运经营的,无须按照本条规定申请取得道路运输经营许可证及车辆营运证。 2.【部门规章】《道路货物运输及站场管理规定》 第六条　申请从事道路货物运输经营的,应当具备下列条件: (一)有与其经营业务相适应并经检测合格的运输车辆:

检查方法	检查标准	处罚依据及标准	检查记录
1. 通过资料审查和运政系统信息对比，检查企业是否具有有效的《道路运输经营许可证》。 2. 通过资料审查和运政系统信息对比，检查企业的《道路运输经营许可证》是否按期年审。	1. 工商营业执照经营范围涵盖普通货物道路运输或网络货运等与从事经营业务相对应的内容。 2.《道路运输经营许可证》在有效期内，且定期年审，不存在失效、伪造、变造、被注销等无效情形。	1.【行政法规】《中华人民共和国道路运输条例》 第六十三条　违反本条例的规定，未取得道路运输经营许可，擅自从事道路运输经营的，由县级以上道路运输管理机构责令停止经营；有违法所得的，没收违法所得，处违法所得2倍以上10倍以下的罚款；没有违法所得或者违法所得不足2万元的，处3万元以上10万元以下的罚款；构成犯罪的，依法追究刑事责任。	

序号	检查事项	检查内容	检查依据
1	资质条件	2. 企业经营范围	1. 车辆技术要求应当符合《道路运输车辆技术管理规定》有关规定。 2. 车辆其他要求： (1)从事大型物件运输经营的，应当具有与所运输大型物件相适应的超重型车组； (2)从事冷藏保鲜、罐式容器等专用运输的，应当具有与运输货物相适应的专用容器、设备、设施，并固定在专用车辆上； (3)从事集装箱运输的，车辆还应当有固定集装箱的转锁装置。 第八条　申请从事道路货物运输经营的，应当依法向市场监督管理机关办理有关登记手续后，向县级交通运输主管部门提出申请…… 第十二条　交通运输主管部门对符合法定条件的道路货物运输经营申请作出准予行政许可决定的，应当出具《道路货物运输经营行政许可决定书》，明确许可事项。在10日内向被许可人颁发《道路运输经营许可证》，在《道路运输经营许可证》上注明经营范围。 第十五条　使用总质量4500千克及以下普通货运车辆从事普通货运经营的，无须按照本规定申请取得《道路运输经营许可证》及《道路运输证》。

续上表

检查方法	检查标准	处罚依据及标准	检查记录
3. 通过资料审查、运单、电子运单或合同等与业务有关文件，检查企业实际经营活动是否符合《道路运输经营许可证》的经营范围。	3. 许可证件中的名称与地址与营业执照或组织机构代码证相符。 4. 实际运输货物与经营范围相符合，不存在未经许可、超许可范围经营和非经营性从事经营性等情形。	2.【部门规章】《道路货物运输及站场管理规定》 第六十一条　违反本规定，有下列行为之一的，由交通运输主管部门责令停止经营；违法所得超过 1 万元的，没收违法所得，处违法所得 1 倍以上 5 倍以下的罚款；没有违法所得或者违法所得不足 1 万元的，处 3000 元以上 1 万元以下的罚款，情节严重的，处 1 万元以上 5 万元以下的罚款；构成犯罪的，依法追究刑事责任： （一）未按规定取得道路货物运输经营许可，擅自从事道路普通货物运输经营的；	

序号	检查事项	检查内容	检查依据
1	资质条件	2. 企业经营范围	第十六条　道路货物运输经营者设立子公司的,应当向设立地的交通运输主管部门申请经营许可;设立分公司的,应当向设立地的交通运输主管部门报备。 第十八条　道路货物运输和货运站经营者需要终止经营的,应当在终止经营之日30日前告知原许可或备案的交通运输主管部门,并办理有关注销手续。 第十九条　道路货物运输经营者变更许可事项、扩大经营范围的,按本章有关许可规定办理。 第二十条　道路货物运输经营者应当按照《道路运输经营许可证》核定的经营范围从事货物运输经营,不得转让、出租道路运输经营许可证件。 3.【规范性文件】《网络平台道路货物运输经营管理暂行办法》 第六条　……需要申领道路运输经营许可证的,可向所在地县级负有道路运输监督管理职责的机构提出申请,县级负有道路运输监督管理职责的机构应按照《中华人民共和国道路运输条例》《道路货物运输及站场管理规定》的规定,向符合条件的申请人颁发《道路运输经营许可证》,经营范围为网络货运。

续上表

检查方法	检查标准	处罚依据及标准	检查记录
4. 通过资料审查和运政系统信息对比，检查企业拥有《道路运输证》的车辆的技术条件是否与《道路运输经营许可证》经营范围匹配	5. 企业拥有《道路运输证》车辆的技术条件与《道路运输经营许可证》经营范围匹配	(二)使用失效、伪造、变造、被注销等无效的道路运输经营许可证件从事道路普通货物运输经营的； (三)超越许可的事项，从事道路普通货物运输经营的。	

序号	检查事项	检查内容	检查依据
1	资质条件	2. 企业经营范围	第七条　从事网络货运经营的,应当符合《互联网信用服务管理办法》等相关法律法规规章关于经营性联网信息服务的要求,并具备与开展业务相适应的信息交互处理及全程跟踪记录等线上服务能力。 第九条　网络货运经营者应当在许可的经营范围内从事经营活动。 第十条　网络货运经营者委托运输不得超越实际承运人的经营范围
2	安全生产责任制	1. 安全生产责任制建立情况。	1.【法律】《中华人民共和国安全生产法》 第二十一条　生产经营单位的主要负责人对本单位安全生产工作负有下列职责: (一)建立健全并落实本单位全员安全生产责任制,加强安全生产标准化建设。 ……

续上表

检查方法	检查标准	处罚依据及标准	检查记录
		第六十二条　违反本规定，道路货物运输经营者非法转让、出租道路运输经营许可证件的，由交通运输主管部门责令停止违法行为，收缴有关证件，处2000元以上1万元以下的罚款；有违法所得的，没收违法所得	
1. 通过资料审查的方式，检查企业是否制定完善的安全生产责任制文件。 2. 通过资料审查的方式，检查企业是否层层签订安全生产目标责任书。	1. 企业制定全员安全生产责任制，按要求公示，并明确各岗位人员安全生产责任、目标及考核标准。 2. 层层签订安全生产目标责任书；签订人员至少应当包括企业相关负责人、分管安全的负责人、安全生产管理人员。	【法律】《中华人民共和国安全生产法》 第九十四条　生产经营单位的主要负责人未履行本法规定的安全生产管理职责的，责令限期改正，处二万元以上五万元以下的罚款；逾期未改正的，处五万元以上十万元以下的罚款，责令生产经营单位停产停业整顿	

序号	检查事项	检查内容	检查依据
2	安全生产责任制	2. 安全生产责任制考核和奖惩情况	第二十二条　生产经营单位的安全生产责任制应当明确各岗位的责任人员、责任范围和考核标准等内容。生产经营单位应当建立相应的机制，加强对安全生产责任制落实情况的监督考核，保证安全生产责任制的落实。 2.【部门规章】《道路货物运输及站场管理规定》) 第六条　申请从事道路货物运输经营的，应当具备下列条件： …… （三）有健全的安全生产管理制度，包括安全生产责任制度、安全生产业务操作规程、安全生产监督检查制度、驾驶员和车辆安全生产管理制度等

续上表

检查方法	检查标准	处罚依据及标准	检查记录
3. 现场抽取部分关键岗位人员，考查其对自身安全生产责任、目标的掌握情况	3. 主要负责人、分管安全的负责人、安全生产管理人员安全生产责任制内容符合《中华人民共和国安全生产法》和地方性相关法规的要求。 4. 主要负责人、分管安全的负责人、安全生产管理人员等关键岗位人员熟悉其工作职责。 5. 定期对安全生产责任制落实情况进行考核，有考核奖惩记录，并按照要求公示		

序号	检查事项	检查内容	检查依据
3	安全生产管理制度	1.安全生产管理制度制定情况。	1.【法律】《中华人民共和国安全生产法》 第二十一条　生产经营单位的主要负责人对本单位安全生产工作负有下列职责： …… （二）组织制定并实施本单位安全生产规章制度和操作规程。 …… 2.【行政法规】《中华人民共和国道路运输条例》 第二十一条　申请从事货运经营的，应当具备下列条件： （一）有与其经营业务相适应并经检测合格的车辆； （二）有符合本条例第二十二条规定条件的驾驶人员； （三）有健全的安全生产管理制度。 3.【部门规章】《道路货物运输及站场管理规定》 第六条　申请从事道路货物运输经营的，应当具备下列条件： …… （三）有健全的安全生产管理制度，包括安全生产责任制度、安全生产业务操作规程、安全生产监督检查制度、驾驶员和车辆安全生产管理制度等。

续上表

检查方法	检查标准	处罚依据及标准	检查记录
1. 通过资料审查的方式,检查企业安全生产管理制度是否制定齐全。 2. 通过资料审查的方式,检查企业是否对从业人员和相关人员进行安全生产管理制度的培训。	1. 企业建立健全并实施安全生产管理制度,至少包括安全生产责任制度、安全生产业务操作规程、安全生产监督检查制度、驾驶员和车辆安全生产管理制度等。 2. 定期对安全生产管理制度进行更新修订,引用的法律法规和标准及时更新。	【法律】《中华人民共和国安全生产法》 第九十四条　生产经营单位的主要负责人未履行本法规定的安全生产管理职责的,责令限期改正,处二万元以上五万元以下的罚款;逾期未改正的,处五万元以上十万元以下的罚款,责令生产经营单位停产停业整顿	

序号	检查事项	检查内容	检查依据
3	安全生产管理制度	2.安全生产管理制度执行情况	4.【部门规章】《道路运输车辆技术管理规定》 第十一条　道路运输经营者应当遵守有关法律法规、标准和规范,认真履行车辆技术管理的主体责任,建立健全管理制度,加强车辆技术管理。 5.【规范性文件】《网络平台道路货物运输经营管理暂行办法》 第八条　网络货运经营者应按照《中华人民共和国安全生产法》的规定,建立健全安全生产管理制度,落实安全生产主体责任

续上表

检查方法	检查标准	处罚依据及标准	检查记录
3. 现场核查部分关键岗位从业人员，考查其是否掌握相关安全生产管理制度。 4. 重点对照安全生产培训和教育档案、隐患排查治理档案、车辆技术管理档案等，检查企业是否有效执行各项安全生产管理制度	3. 抽查主要负责人、专职安全生产管理人员和从业人员，通过询问和交谈，检查制度落实和运行情况		

序号	检查事项	检查内容	检查依据
4	安全生产操作规程	1. 安全生产操作规程制定情况。 2. 安全生产操作规程执行情况	1.【法律】《中华人民共和国安全生产法》 第二十一条　生产经营单位的主要负责人对本单位安全生产工作负有下列职责： …… （二）组织制定并实施本单位安全生产规章制度和操作规程。 …… 2.【部门规章】《道路货物运输及站场管理规定》 第六条　申请从事道路货物运输经营的，应当具备下列条件： …… （三）有健全的安全生产管理制度，包括安全生产责任制度、安全生产业务操作规程、安全生产监督检查制度、驾驶员和车辆安全生产管理制度等

续上表

检查方法	检查标准	处罚依据及标准	检查记录
1. 通过资料审查的方式，检查企业是否制定必要的安全生产操作规程。 2. 通过资料审查的方式，检查企业是否对从业人员及相关人员进行安全生产操作规程培训。 3. 现场核查部分关键岗位从业人员，考查其对安全生产操作规程的掌握情况，以及是否按照操作规程执行	1. 企业建立健全安全生产操作规程。 2. 企业对从业人员进行安全生产操作规程培训。 3. 现场核查的从业人员对安全操作规程比较熟悉	【法律】《中华人民共和国安全生产法》 第九十四条　生产经营单位的主要负责人未履行本法规定的安全生产管理职责的，责令限期改正，处二万元以上五万元以下的罚款；逾期未改正的，处五万元以上十万元以下的罚款，责令生产经营单位停产停业整顿	

序号	检查事项	检查内容	检查依据
5	安全生产管理机构或者专职安全生产管理人员	安全生产管理机构或安全生产管理人员配备情况	【法律】《中华人民共和国安全生产法》 第二十四条　矿山、金属冶炼、建筑施工、运输单位和危险物品的生产、经营、储存、装卸单位,应当设置安全生产管理机构或者配备专职安全生产管理人员
6	主要负责人和安全生产管理人员的安全生产知识和管理能力	1. 主要负责人和专职安全生产管理人员的安全生产知识和管理能力。	1.【法律】《中华人民共和国安全生产法》 第二十七条　危险物品的生产、经营、储存、装卸单位以及矿山、金属冶炼、建筑施工、运输单位的主要负责人和安全生产管理人员,应当由主管的负有安全生产监督管理职责的部门对其安全生产知识和管理能力考核合格。考核不得收费。

续上表

检查方法	检查标准	处罚依据及标准	检查记录
通过资料审查的方式,检查企业是否设置安全生产管理机构或者配备安全生产管理人员,有相关证明文件	按照规定设置安全生产管理机构或者配备安全生产管理人员	【法律】《中华人民共和国安全生产法》 第九十七条　生产经营单位有下列行为之一的,责令限期改正,处十万元以下的罚款;逾期未改正的,责令停产停业整顿,并处十万元以上二十万元以下的罚款,对其直接负责的主管人员和其他直接责任人员处二万元以上五万元以下的罚款: (一)未按照规定设置安全生产管理机构或者配备安全生产管理人员、注册安全工程师的; ……	
1. 通过资料审查的方式检查道路运输单位的主要负责人和安全生产管理人员的安全生产知识和管理能力考核材料。	1. 企业主要负责人(包括企业法定代表人、实际控制人,以及分支机构的法定代表人、实际控制人)、安全生产管理人员、分管安全的负责人取得市级交	【法律】《中华人民共和国安全生产法》 第九十七条　生产经营单位有下列行为之一的,责令限期改正,处十万元以下的罚款;逾期未改正的,责令停产停业整顿,并处十万元以上二十万元以下的罚款,对其直接负责的主管人员和其他直接责任人员处二万元以上五万元以下的罚款:	

序号	检查事项	检查内容	检查依据
6	主要负责人和安全生产管理人员的安全生产知识和管理能力	2. 主要负责人和专职安全生产管理人员安全考核情况	2.【规范性文件】《交通运输部关于印发〈道路运输企业主要负责人和安全生产管理人员安全考核管理办法〉〈道路运输企业主要负责人和安全生产管理人员安全考核大纲〉的通知》 第六条　道路运输企业主要负责人和安全生产管理人员必须具备与本单位所从事的生产经营活动相应的安全生产知识和管理能力，并由交通运输主管部门对其安全考核合格。 第七条　道路运输企业主要负责人和安全生产管理人员应当在从事道路运输安全生产相关工作6个月内完成安全考核工作。 ……
7	车辆技术管理机构及人员	1. 企业车辆技术管理机构设置情况。	【部门规章】《道路运输车辆技术管理规定》 第十二条　鼓励道路运输经营者设置相应的部门负责车辆技术管理工作，并根据车辆数量和经营类别配备车辆技术管理人员，对车辆实施有效的技术管理

续上表

检查方法	检查标准	处罚依据及标准	检查记录
2. 现场核查企业主要负责人、安全生产管理人员，询问其是否掌握其自身安全生产职责	通运输主管部门颁发的安全考核合格证明，且在有效期内，或者取得注册安全工程师并在交通运输企业注册。 2. 主要负责人和安全生产管理人员熟悉其安全生产职责和基础安全生产知识	…… （二）危险物品的生产、经营、储存、装卸单位以及矿山、金属冶炼、建筑施工、运输单位的主要负责人和安全生产管理人员未按照规定经考核合格的； ……	
1. 通过资料审查的方式，检查企业是否设置车辆技术管理机构或车辆技术管理人员。	1. 按照规定设置车辆技术管理机构或车辆技术管理人员。		

序号	检查事项	检查内容	检查依据
7	车辆技术管理机构及人员	2. 专业车辆技术管理人员配备情况	
8	从业人员从业资格	从业人员从业资格情况	1.【行政法规】《中华人民共和国道路运输条例》 第二十一条　申请从事货运经营的,应当具备下列条件: …… (二)有符合本条例第二十二条规定条件的驾驶人员; …… 第二十二条　从事货运经营的驾驶人员,应当符合下列条件: (一)取得相应的机动车驾驶证; (二)年龄不超过60周岁; (三)经设区的市级道路运输管理机构对有关货运法律法规、机动车维修和货物装载保管基本知识考试合格(使用总质量4500千克及以下普通货运车辆的驾驶人员除外)。 2.【部门规章】《道路货物运输及站场管理规定》)

续上表

检查方法	检查标准	处罚依据及标准	检查记录
2. 通过现场检查的方式，询问企业车辆技术管理人员是否熟悉自身安全生产职责和主要工作	2. 企业车辆技术管理人员熟悉自身安全生产职责和主要工作		
通过资料审查和运政系统信息比对的方式，检查企业从业人员的从业资格证书是否有效	企业驾驶人员均持有有效的从业资格证，不存在超越从业资格证核定范围、失效、伪造、变造等情况	【部门规章】《道路运输从业人员管理规定》 第四十六条　违反本规定，有下列行为之一的人员，由县级以上交通运输主管部门责令改正，处 200 元以上 2000 元以下的罚款： （一）未取得相应从业资格证件，驾驶道路客运车辆的；	

序号	检查事项	检查内容	检查依据
8	从业人员从业资格	从业人员从业资格情况	第二十四条　道路货物运输经营者应当聘用按照规定要求持有从业资格证的驾驶人员。 第二十五条　营运驾驶员应当按照规定驾驶与其从业资格类别相符的车辆。驾驶营运车辆时,应当随身携带按照规定要求取得的从业资格证。 3.【部门规章】《道路运输从业人员管理规定》 第六条　……经营性道路客货运输驾驶员和道路危险货物运输从业人员必须取得相应从业资格,方可从事相应的道路运输活动。 第三十六条　道路运输从业人员在从事道路运输活动时,应当携带相应的从业资格证件,并应当遵守国家相关法规和道路运输安全操作规程,不得违法经营、违章作业
9	从业人员服务单位变更	从业人员服务单位变更按照规定办理变更、转籍手续	【部门规章】《道路运输从业人员管理规定》 第二十九条　……道路运输从业人员服务单位等信息变更的,应当到交通运输主管部门办理从业资格证件变更手续。道路运输从业人员申请转籍的,受理地交通运输主管部门应当查询核实相应从业资格证件信息后,重新发放从业资格证件并建立档案,收回原证件并通报原发证机关注销原证件和归档

续上表

检查方法	检查标准	处罚依据及标准	检查记录
		(二)使用失效、伪造、变造的从业资格证件,驾驶道路客运车辆的; (三)超越从业资格证件核定范围,驾驶道路客运车辆的。 驾驶道路货运车辆违反前款规定的,由县级以上交通运输主管部门责令改正,处200元罚款	
通过资料审查和现场检查的方式,检查从业人员从业资格证书上的服务单位盖章是否与实际相符	从业人员的从业资格证件上的服务单位名称与实际相符,与运政系统中的相一致		

二、安全生产教育和培训检查事项

序号	检查事项	检查内容	检查依据
1	安全生产教育和培训计划	安全生产教育和培训计划制定情况	【法律】《中华人民共和国安全生产法》 第二十一条　生产经营单位的主要负责人对本单位安全生产工作负有下列职责: …… (三)组织制定并实施本单位安全生产教育和培训计划; ……
2	安全生产教育和培训实施	安全生产教育和培训实施情况	1.【法律】《中华人民共和国安全生产法》 第二十八条　生产经营单位应当对从业人员进行安全生产教育和培训,保证从业人员具备必要的安全生产知识,熟悉有关的安全生产规章制度和安全操作规程,掌握本岗位的安全操作技能,了解事故应急处理措施,知悉自身在安全生产方面的权利和义务。未经安全生产教育和培训合格的从业人员,不得上岗作业。

检查方法	检查标准	处罚依据及标准	检查记录
1. 通过资料审查的方式，检查企业是否制定年度安全生产教育和培训计划。 2. 通过现场核查的方式，检查企业是否按照培训计划开展培训工作	1. 企业编制年度安全生产教育和培训计划。 2. 按照计划开展安全生产教育和培训	【法律】《中华人民共和国安全生产法》 第九十四条　生产经营单位的主要负责人未履行本法规定的安全生产管理职责的，责令限期改正，处二万元以上五万元以下的罚款；逾期未改正的，处五万元以上十万元以下的罚款，责令生产经营单位停产停业整顿	
1. 通过资料审查的方式，检查企业是否对从业人员定期进行安全生产培训和教育。	1. 企业定期对从业人员进行安全生产培训和教育，有培训内容、培训照片、培训签到等相应证明材料。	【法律】《中华人民共和国安全生产法》 第九十七条　生产经营单位有下列行为之一的，责令限期改正，处十万元以下的罚款；逾期未改正的，责令停产停业整顿，并处十万元以上二十万元以下的罚款，对其直接负责的主管人员和其他直接责任人员处二万元以上五万元以下的罚款： ……	

序号	检查事项	检查内容	检查依据
2	安全生产教育和培训实施	安全生产教育和培训实施情况	生产经营单位使用被派遣劳动者的,应当将被派遣劳动者纳入本单位从业人员统一管理,对被派遣劳动者进行岗位安全操作规程和安全操作技能的教育和培训。 生产经营单位应当建立安全生产教育和培训档案,如实记录安全生产教育和培训的时间、内容、参加人员以及考核结果等情况。 2.【行政法规】《中华人民共和国道路运输条例》 第二十八条　客运经营者、货运经营者应当加强对从业人员的安全教育、职业道德教育,确保道路运输安全。 3.【行政法规】《生产安全事故应急条例》 第十一条　应急救援队伍建立单位或者兼职应急救援人员所在单位应当按照国家有关规定对应急救援人员进行培训;应急救援人员经培训合格后,方可参加应急救援工作。 第十五条　生产经营单位应当对从业人员进行应急教育和培训,保证从业人员具备必要的应急知识,掌握风险防范技能和事故应急措施。

续上表

检查方法	检查标准	处罚依据及标准	检查记录
2. 通过资料审查的方式，检查驾驶人员是否按规定参加继续教育。 3. 通过资料审查的方式，检查企业是否对实习人员、被派遣劳动者、离岗6个月以上或换岗人员等人员（若有）进行安全生产教育培训。 4. 通过资料审查和现场检查的方式，检查企业是否对道路交通违法和事故驾驶员进行针对性的教育和处理。	2. 企业对实习人员、被派遣劳动者、离岗6个月以上或换岗人员等进行安全生产培训和教育，有相应培训证明材料。	（三）未按照规定对从业人员、被派遣劳动者、实习学生进行安全生产教育和培训，或者未按照规定如实告知有关的安全生产事项的； ……	

序号	检查事项	检查内容	检查依据
2	安全生产教育和培训实施	安全生产教育和培训实施情况	4.【部门规章】《道路货物运输及站场管理规定》 第二十一条　道路货物运输经营者应当对从业人员进行经常性的安全、职业道德教育和业务知识、操作规程培训。 5.【部门规章】《道路运输车辆动态监督管理办法》 第二十一条　……监控人员应当掌握国家相关法规和政策,经运输企业培训、考试合格后上岗
3	安全生产教育和培训档案	1. 档案建立和记录情况;	1.【法律】《中华人民共和国安全生产法》 第二十八条　生产经营单位应当建立安全生产教育和培训档案,如实记录安全生产教育和培训的时间、内容、参加人员以及考核结果等情况。

续上表

检查方法	检查标准	处罚依据及标准	检查记录
5.通过现场抽查,检查从业人员或者应急处置人员,现场询问其对安全生产相关法律法规、典型交通事故案例、应急处置等内容的了解程度	3.被抽查的人员知悉其所参加的培训教育内容		
1.通过资料审查的方式,查看企业是否建立安全生产教育和培训档案。 2.通过资料审查的方式,查看企业的安全生产教育和培训档案是否包括培训时间、内容、参加人员等情况。	1.企业建立安全生产教育和培训档案,档案内容包括培训时间、内容、参加人员等情况。 2.企业如实记录安全生产教育和培训情况	【法律】《中华人民共和国安全生产法》 第九十七条　生产经营单位有下列行为之一的,责令限期改正,处十万元以下的罚款;逾期未改正的,责令停产停业整顿,并处十万元以上二十万元以下的罚款,对其直接负责的主管人员和其他直接责任人员处二万元以上五万元以下的罚款: …… (四)未如实记录安全生产教育和培训情况的; ……	

序号	检查事项	检查内容	检查依据
3	安全生产教育和培训档案	2. 档案保存情况	

续上表

检查方法	检查标准	处罚依据及标准	检查记录
3. 通过资料审查的方式，查看安全生产教育和培训档案是否存在未如实记录的情况			

三、安全生产费用检查事项

序号	检查事项	检查内容	检查依据
1	安全生产费用提取与使用	1. 安全生产费用提取情况。	1.【法律】《中华人民共和国安全生产法》 第二十三条　生产经营单位应当具备的安全生产条件所必需的资金投入,由生产经营单位的决策机构、主要负责人或者个人经营的投资人予以保证,并对由于安全生产所必需的资金投入不足导致的后果承担责任。 有关生产经营单位应当按照规定提取和使用安全生产费用,专门用于改善安全生产条件。安全生产费用在成本中据实列支。安全生产费用提取、使用和监督管理的具体办法由国务院财政部门会同国务院安全生产监督管理部门征求国务院有关部门意见后制定。 第四十七条　生产经营单位应当安排用于配备劳动防护用品、进行安全生产培训的经费。

检查方法	检查标准	处罚依据及标准	检查记录
1. 通过资料审查的方式，检查企业安全生产费用提取台账和相关财务凭证，核查其提取比例是否符合要求。 2. 通过资料审查的方式，检查企业安全生产费用使用台账和相关财务凭证，核查其支出范围是否符合要求	1. 企业制定安全生产费用提取和使用独立台账。 2. 有财务凭证证明其提取比例不低于上年度实际营业收入的1%。 3. 企业按照规定范围使用安全生产费用，并有相应的财务凭证或者合同等文件佐证。	【法律】《中华人民共和国安全生产法》 第九十三条　生产经营单位的决策机构、主要负责人或者个人经营的投资人不依照本法规定保证安全生产所必需的资金投入，致使生产经营单位不具备安全生产条件的，责令限期改正，提供必需的资金；逾期未改正的，责令生产经营单位停产停业整顿。	

序号	检查事项	检查内容	检查依据
1	安全生产费用提取与使用	2. 企业安全费用使用情况	2.【规范性文件】《企业安全生产费用提取和使用管理办法》 第二十四条　交通运输企业以上年度实际营业收入为计提依据，按照以下标准平均逐月提取： （一）普通货运业务 1%；　……

续上表

检查方法	检查标准	处罚依据及标准	检查记录
	具体使用范围如下： (1)完善改造和维护安全防护设施设备支出(不含“三同时”要求初期投入的安全设施),包括道路运输设施设备和装卸工具安全状况检测及维护系统、运输设施设备和装卸工具附属安全设备等支出； (2)购置、安装和使用具有行驶记录功能的车辆卫星定位装置、船舶通信导航定位和自	有前款违法行为,导致发生生产安全事故的,对生产经营单位的主要负责人给予撤职处分,对个人经营的投资人处二万元以上二十万元以下的罚款;构成犯罪的,依照刑法有关规定追究刑事责任	

序号	检查事项	检查内容	检查依据
1	安全生产费用提取与使用	2. 企业安全费用使用情况	

续上表

检查方法	检查标准	处罚依据及标准	检查记录
	动识别系统、电子海图等支出； （3）配备、维护应急救援器材、设备支出和应急演练支出； （4）开展重大危险源和事故隐患评估、监控和整改支出； （5）安全生产检查、评价（不包括新建、改建、扩建项目安全评价）、咨询及标准化建设支出； （6）配备和更新现场作业人员安全防护用品支出；		

序号	检查事项	检查内容	检查依据
1	安全生产费用提取与使用	2. 企业安全费用使用情况	

续上表

检查方法	检查标准	处罚依据及标准	检查记录
	(7)安全生产宣传、教育、培训支出； (8)安全生产适用的新技术、新标准、新工艺、新装备的推广应用支出； (9)安全设施及特种设备检测检验支出； (10)其他与安全生产直接相关的支出		

四、车辆检查事项

序号	检查事项	检查内容	检查依据
1	车辆证件及有效性	1.《道路运输证》有效性。	1.【部门规章】《道路货物运输及站场管理规定) 第六条　申请从事道路货物运输经营的,应当具备下列条件: (一)有与其经营业务相适应并经检测合格的运输车辆: 1.车辆技术要求应当符合《道路运输车辆技术管理规定》有关规定。 2.车辆其他要求: (1)从事大型物件运输经营的,应当具有与所运输大型物件相适应的超重型车组; (2)从事冷藏保鲜、罐式容器等专用运输的,应当具有与运输货物相适应的专用容器、设备、设施,并固定在专用车辆上; (3)从事集装箱运输的,车辆还应当有固定集装箱的转锁装置。 …… 第十四条　被许可人应当按照承诺书的要求投入运输车辆。购置车辆或者已有车辆经交通运输主管部门核实并符合条件的,交通运输主管部门向投入运输的车辆配发《道路运输证》。

检查方法	检查标准	处罚依据及标准	检查记录
1. 通过资料审查、运政系统数据比对的方式，检查企业总质量4500千克以上的运输车辆是否取得合法有效的《道路运输证》。 2. 通过线上核查、现场核查等方式，随机抽查运单或其他相关凭证，检查车辆实际承运货物是否超过《道路运输证》或者《道路运输经营许可证》的经营范围	1. 总质量4500千克以上的道路运输车辆均取得合法有效的《道路运输证》。 2. 车辆实际承运货物符合《道路运输证》和《道路运输经营许可证》的经营范围	【部门规章】《道路货物运输及站场管理规定》) 第六十三条　违反本规定，取得道路货物运输经营许可的道路货物运输经营者使用无《道路运输证》的车辆参加普通货物运输的，由交通运输主管部门责令改正，处1000元以上3000元以下的罚款	

序号	检查事项	检查内容	检查依据
1	车辆证件及有效性	2. 与经营范围相符性	第十五条　使用总质量4500千克及以下普通货运车辆从事普通货运经营的,无需按照本规定申请取得《道路运输经营许可证》及《道路运输证》。 2.【规范性文件】《网络平台道路货物运输经营管理暂行办法》 第十条　网络货运经营者应对实际承运车辆及驾驶员资质进行审查,保证提供运输服务的车辆具备合法有效的营运证
2	车辆年审	车辆年审情况	【部门规章】《道路货物运输及站场管理规定》 第五十条　交通运输主管部门应当定期对配发《道路运输证》的货运车辆进行审验,每年审验一次。审验内容包括车辆技术等级评定情况、车辆结构及尺寸变动情况和违章记录等。 审验符合要求的,交通运输主管部门在《道路运输证》上做好审验记录;不符合要求的,应当责令限期改正或者办理变更手续
3	车辆检验检测与技术等级评定	车辆检验检测与技术等级评定情况	【部门规章】《道路运输车辆技术管理规定》 第九条　禁止使用报废、擅自改装、拼装、检验检测不合格以及其他不符合国家规定的车辆从事道路运输经营活动。

续上表

检查方法	检查标准	处罚依据及标准	检查记录
通过资料审查、运政系统核查和现场核查的方式，检查配发《道路运输证》的货运车辆是否定期年审	配发《道路运输证》的货运车辆按期年审，未逾期		
通过资料审查、运政系统信息比对和现场核查的方式，检查车辆是	1. 车辆检验检测周期符合《道路运输车辆技术管理规定》要求。	【部门规章】《道路运输车辆技术管理规定》	

序号	检查事项	检查内容	检查依据
3	车辆检验检测与技术等级评定	车辆检验检测与技术等级评定情况	第二十条　道路运输经营者应当定期到取得市场监督管理部门资质认定证书、具备相应检验检测能力的机动车检验检测机构，对道路运输车辆进行检验检测和技术等级评定。 第二十一条　道路运输经营者应当自道路运输车辆首次取得道路运输证当月起，按照下列周期和频次进行检验检测和技术等级评定： …… （二）其他道路运输车辆自首次经国家机动车登记主管部门注册登记不满120个月的，每12个月进行1次检验检测和技术等级评定；超过120个月的，每6个月进行1次检验检测和技术等级评定
4	车辆维护及记录	车辆一、二级维护及记录情况	【部门规章】《道路运输车辆技术管理规定》 第十六条　道路运输经营者应当建立车辆维护制度。车辆维护分为日常维护、一级维护和二级维护。日常维护由驾驶员实施，一级维护和二级维护由道路运输经营者组织实施，并做好记录。

续上表

检查方法	检查标准	处罚依据及标准	检查记录
否按照规定的周期和频次进行检验检测和技术等级评定	2. 车辆(挂车除外)的技术等级达到二级以上。国际道路运输车辆技术等级应达到一级	第三十一条　违反本规定,道路运输经营者未按照规定的周期和频次进行车辆检验检测或者未按规定维护道路运输车辆的,交通运输主管部门应当责令改正,处1000元以上5000元以下罚款	
通过资料审查和现场核查的方式,抽查车辆技术档案,检查车辆维护记录,核查企业是否做好车辆一、二级维护记录,维护周	1. 一、二级维护由道路运输经营者组织实施。委托外单位进行一、二级维护时,应由合法有效的二级维护竣工出厂合格证,并将相	【部门规章】《道路运输车辆技术管理规定》 第三十一条　违反本规定,道路运输经营者未按照规定的周期和频次进行车辆检验检测或者未按规定维护道路运输车辆的,交通运输主管部门应当责令改正,处1000元以上5000元以下罚款	

序号	检查事项	检查内容	检查依据
4	车辆维护及记录	车辆一、二级维护及记录情况	第十七条　道路运输经营者应当依据国家有关标准和车辆维修手册、使用说明书等,结合车辆类别、车辆运行状况、行驶里程、道路条件、使用年限等因素,自行确定车辆维护周期,确保车辆正常维护
5	车辆修理	车辆修理及记录情况	【部门规章】《道路运输车辆技术管理规定》 第十八条　道路运输经营者应当遵循视情修理、保障安全的原则,根据实际情况对车辆进行及时修理

续上表

检查方法	检查标准	处罚依据及标准	检查记录
期是否符合企业国家有关标准和车辆维修手册、使用说明书等要求,或者地方政策的规定	关记录填写至车辆技术档案中。 2. 车辆二级维护周期符合国家有关标准和车辆维修手册、使用说明书等要求,或者地方政策的规定		
通过资料审查和现场核查的方式,抽查车辆技术档案,查看车辆维修记录	车辆根据实际情况开展必要的维修活动,并将相关记录填写至车辆技术档案中		

序号	检查事项	检查内容	检查依据
6	车辆强制报废	车辆强制报废情况	1.【部门规章】《机动车强制报废标准规定》 第五条　各类机动车使用年限分别如下： …… （八）三轮汽车、装用单缸发动机的低速货车使用9年，装用多缸发动机的低速货车以及微型载货汽车使用12年，危险品运输载货汽车使用10年，其他载货汽车（包括半挂牵引车和全挂牵引车）使用15年； （九）有载货功能的专项作业车使用15年，无载货功能的专项作业车使用30年； （十）全挂车、危险品运输半挂车使用10年，集装箱半挂车20年，其他半挂车使用15年； …… 第七条　国家对达到一定行驶里程的机动车引导报废。达到下列行驶里程的机动车，其所有人可以将机动车交售给报废机动车回收拆解企业，由报废机动车回收拆解企业按规定进行登记、拆解、销毁等处理，并将报废的机动车登记证书、号牌、行驶证交公安机关交通管理部门注销： …… （八）微型载货汽车行驶50万千米，中、轻型载货汽车行驶60万千米，重型载货汽车（包括半挂牵引车和全挂牵引车）行驶70万千米，危险品运输载

续上表

检查方法	检查标准	处罚依据及标准	检查记录
通过资料审查、运政系统信息比对和现场核查的方式，对照车辆行驶证、车辆行驶里程、车辆技术档案等信息，检查车辆是否按照规定年限报废	车辆按照规定年限或行驶里程进行报废，并有相应的报废手续	【部门规章】《道路运输车辆技术管理规定》 第三十条　道路运输经营者使用报废、擅自改装、拼装、检验检测不合格和其他不符合国家规定的车辆从事道路运输经营活动的，或者道路运输车辆的技术状况未达到第七条规定的有关标准要求的，交通运输主管部门应当责令改正	

序号	检查事项	检查内容	检查依据
6	车辆强制报废	车辆强制报废情况	货汽车行驶40万千米，装用多缸发动机的低速货车行驶30万千米。 2.【部门规章】《道路运输车辆技术管理规定》 第九条　禁止使用报废、擅自改装、拼装、检验检测不合格以及其他不符合国家规定的车辆从事道路运输经营活动
7	车辆改装、拼装	车辆改装、拼装等行为	1.【行政法规】《中华人民共和国道路运输条例》 第三十条　客运经营者、货运经营者应当加强对车辆的维护和检测，确保车辆符合国家规定的技术标准；不得使用报废的、擅自改装的和其他不符合国家规定的车辆从事道路运输经营。 2.【部门规章】《道路运输车辆技术管理规定》 第九条　禁止使用报废、擅自改装、拼装、检验检测不合格以及其他不符合国家规定的车辆从事道路运输经营活动

续上表

检查方法	检查标准	处罚依据及标准	检查记录
1. 通过资料审查、公告数据查询、车辆行驶证、车辆登记证明材料或者检测报告等方式,现场核查车辆是否存在改装行为。 2. 车辆公告数据可以通过“道路机动车辆生产企业及产品信息查询系统 http://app.miit-eidc.org.cn/miitxxgk/gonggao/xxgk/index”查询	车辆不存在非法改装或者拼装等行为	【行政法规】《中华人民共和国道路运输条例》 第七十条　违反本条例的规定,客运经营者、货运经营者擅自改装已取得车辆营运证的车辆的,由县级以上道路运输管理机构责令改正,处5000元以上2万元以下的罚款	

五、运营安全管理检查事项

序号	检查事项	检查内容	检查依据
1	装载和运输环节安全管理	1. 车辆装载安全管理。	1.【行政法规】《中华人民共和国道路运输条例》 第二十六条　国家鼓励货运经营者实行封闭式运输,保证环境卫生和货物运输安全。货运经营者应当采取必要措施,防止货物脱落、扬撒等。 2.【部门规章】《道路货物运输及站场管理规定》 第二十六条　运输的货物应当符合货运车辆核定的载质量,载物的长、宽、高不得违反装载要求。禁止货运车辆违反国家有关规定超限、超载运输。 …… 第三十二条　国家鼓励实行封闭式运输。道路货物运输经营者应当采取有效的措施,防止货物脱落、扬撒等情况发生 3.【部门规章】《超限运输车辆行驶公路管理规定》 第二十九条　货运源头单位、道路运输企业应当加强对货运车辆驾驶人的教育和管理,督促其合法运输。道路运输企业是防止违法超限运输的责任主体,应当按照有关规定加强对车辆装载及运行全过程监控,防止驾驶人违法超限运输。任何单位和个人不得指使、强令货运车辆驾驶人违法超限运输。

检查方法	检查标准	处罚依据及标准	检查记录
1. 通过询问、现场核查的方式，检查货运车辆是否采取必要措施，防止货物脱落、扬撒。	1. 货运车辆采取必要措施，防止货物脱落、扬撒。 2. 货运车辆未超限、超载运输	1.【行政法规】《中华人民共和国道路运输条例》 第六十九条　违反本条例的规定，客运经营者、货运经营者有下列情形之一的，由县级以上道路运输管理机构责令改正，处1000元以上3000元以下的罚款；情节严重的，由原许可机关吊销道路运输经营许可证： …… （五）没有采取必要措施防止货物脱落、扬撒等的。 2.【行政法规】《公路安全保护条例》 第六十六条　对1年内违法超限运输超过3次的货运车辆，由道路运输管理机构吊销其车辆营运证；对1年内违法超限运输超过3次的货运车辆驾驶人，由道路运输管理机构责令其停止从事营业性运输；	

序号	检查事项	检查内容	检查依据
1	装载和运输环节安全管理	2. 运输过程安全管理	4.【规范性文件】《网络平台道路货物运输经营管理暂行办法》 第十三条　网络货运经营者应当遵守车辆装载的要求，不得指使或者强令要求实际承运人超载、超限运输

续上表

检查方法	检查标准	处罚依据及标准	检查记录
2. 通过治超站点核查的方式，检查货运车辆是否超限、超载运输		道路运输企业1年内违法超限运输的货运车辆超过本单位货运车辆总数10%的，由道路运输管理机构责令道路运输企业停业整顿；情节严重的，吊销其道路运输经营许可证，并向社会公告。 3.【部门规章】《道路货物运输及站场管理规定》 第六十四条　违反本规定，道路货物运输经营者有下列情形之一的，由交通运输主管部门责令改正，处1000元以上3000元以下的罚款；情节严重的，由原许可机关吊销道路运输经营许可证或者吊销其相应的经营范围： …… （二）没有采取必要措施防止货物脱落、扬撒的。 第五十九条　有下列行为之一的，由交通运输主管部门责令限期整改，整改不合格的，予以通报： …… （四）因配载造成超限、超载的； ……	

序号	检查事项	检查内容	检查依据
1	装载和运输环节安全管理	2. 运输过程安全管理	

续上表

检查方法	检查标准	处罚依据及标准	检查记录
		4.【部门规章】《超限运输车辆行驶公路管理规定》 第四十三条　车辆违法超限运输的，由公路管理机构根据违法行为的性质、情节和危害程度，按下列规定给予处罚： （一）车货总高度从地面算起未超过4.2米、总宽度未超过3米且总长度未超过20米的，可以处200元以下罚款；车货总高度从地面算起未超过4.5米、总宽度未超过3.75米且总长度未超过28米的，处200元以上1000元以下罚款；车货总高度从地面算起超过4.5米、总宽度超过3.75米或者总长度超过28米的，处1000元以上3000元以下的罚款； （二）车货总质量超过本规定第三条第一款第四项至第八项规定的限定标准，但未超过1000千克的，予以警告；超过1000千克的，每超1000千克罚款500元，最高不得超过30000元。 有前款所列多项违法行为的，相应违法行为的罚款数额应当累计，但累计罚款数额最高不得超过30000元。	

序号	检查事项	检查内容	检查依据
1	装载和运输环节安全管理	2. 运输过程安全管理	

续上表

检查方法	检查标准	处罚依据及标准	检查记录
		第四十六条　对1年内违法超限运输超过3次的货运车辆和驾驶人，以及违法超限运输的货运车辆超过本单位货运车辆总数10%的道路运输企业，由道路运输管理机构依照《公路安全保护条例》第六十六条予以处理。 第四十九条　违反本规定，指使、强令车辆驾驶人超限运输货物的，由道路运输管理机构责令改正，处30000元以下罚款	

六、动态监控管理检查事项

序号	检查事项	检查内容	检查依据
1	动态监控管理制度	动态监控管理制度	【部门规章】《道路运输车辆动态监督管理办法》 第二十三条　道路运输企业应当建立健全并严格落实动态监控管理相关制度，规范动态监控工作： （一）系统平台的建设、维护及管理制度； （二）车载终端安装、使用及维护制度； （三）监控人员岗位职责及管理制度； （四）交通违法动态信息处理和统计分析制度； （五）其他需要建立的制度
2	专职监控人员	专职监控人员配备及履职情况	【部门规章】《道路运输车辆动态监督管理办法》 第二十一条　……拥有50辆及以上重型载货汽车或牵引车的道路货物运输企业应当配备专职监控人员。专职监控人员配置原则上按照监控平台每接入100辆车设1人的标准配备，最低

检查方法	检查标准	处罚依据及标准	检查记录
通过资料审查和现场核查的方式，检查企业是否制定符合相关要求的动态监控管理制度，并按照要求进行公示	1. 企业制定系统平台的建设维护及管理制度，车载终端安装、使用及维护制度，监控人员岗位职责及管理制度，交通违法动态信息处理和统计分析制度等动态监控管理制度。 2. 相关制度在适当位置进行公示	【部门规章】《道路运输车辆动态监督管理办法》 第三十五条　违反本办法的规定，道路运输企业有下列情形之一的，由县级以上道路运输管理机构责令改正。拒不改正的，处3000元以上8000元以下罚款： …… （二）未建立或者未有效执行交通违法动态信息处理制度； ……	
1. 通过资料审查的方式，检查企业专职监控人员配备名单，核查配备数量是否	1. 专职监控人员按照100辆车设1人的标准配备，最低不少于2人，有相应任命文件。	【部门规章】《道路运输车辆动态监督管理办法》） 第三十五条　违反本办法的规定，道路运输企业有下列情形之一的，由县级以上道路运输管理机构责令改正。拒不改正的，处3000元以上8000元以下罚款：	

序号	检查事项	检查内容	检查依据
2	专职监控人员	专职监控人员配备及履职情况	不少于2人。监控人员应当掌握国家相关法规和政策,经运输企业培训、考试合格后上岗。 第二十五条　监控人员应当实时分析、处理车辆行驶动态信息,及时提醒驾驶员纠正超速行驶、疲劳驾驶等违法行为,并记录存档至动态监控台账……

续上表

检查方法	检查标准	处罚依据及标准	检查记录
符合要求，现场询问其工作是否能体现专职。 2. 通过资料审查和现场核查的方式，检查专职监控人员是否经过培训且考核合格后上岗。 3. 通过现场核查、座谈询问和观察等方式，检查监控人员对卫星定位系统平台的使用和操作情况，确认其是否能够熟练完成实时监控、指令下发、轨迹回放、统计分析等操作	2. 专职监控人员工作体现“专职”。 3. 专职监控人员经过企业内部岗前培训且考核合格后上岗作业。 4. 专职监控人员知悉自身的安全生产职责，能够熟练操作卫星定位系统平台	…… （三）未按规定配备专职监控人员，或者监控人员未有效履行监控职责的。 ……	

序号	检查事项	检查内容	检查依据
3	卫星定位系统平台和卫星定位装置技术要求	1. 运输车辆卫星定位系统车载终端安装情况。 2. 监控平台接入全国道路货运车辆公共监管与服务平台系统情况	【部门规章】《道路运输车辆动态监督管理办法》 第十二条　道路运输经营者应当选购安装符合标准的卫星定位装置的车辆,并接入符合要求的监控平台。 第十四条　……道路货运企业监控平台应当与道路货运车辆公共平台对接,按照要求将企业、驾驶人员、车辆的相关信息上传至道路货运车辆公共平台,并接收道路货运车辆公共平台转发的货运车辆行驶的动态信息

续上表

检查方法	检查标准	处罚依据及标准	检查记录
1. 通过资料审查和现场核查等方式，检查车辆是否均安装车载终端，并接入企业卫星定位系统平台。 2. 通过资料审查的方式，检查车载终端是否符合相关技术标准。 3. 通过资料审查、现场核查和线上核查等方式，检查企业卫星定位系统平台是否接入全国道路货运车辆公共监管与服务平台	1. 企业总质量为12吨及以上的普通货运车辆安装车载终端，安装率达到100%，车载终端符合相关技术标准，有相应的出厂证明。 2. 企业卫星定位系统平台有效接入全国道路货运车辆公共监管与服务平台	【部门规章】《道路运输车辆动态监督管理办法》) 第三十五条　违反本办法的规定，道路运输企业有下列情形之一的，由县级以上道路运输管理机构责令改正。拒不改正的，处1000元以上3000元以下罚款： (一)道路运输企业未使用符合标准的监控平台、监控平台未接入联网联控系统、未按规定上传道路运输车辆动态信息的； ……	

序号	检查事项	检查内容	检查依据
4	卫星定位系统平台基础信息录入	车辆和驾驶员信息录入情况	【部门规章】《道路运输车辆动态监督管理办法》 第十三条　道路运输企业应当在监控平台中完整、准确地录入所属道路运输车辆和驾驶员的基础资料等信息,并及时更新
5	违法违规报警信息处置	卫星定位系统平台中记录的违法违规信息的处置情况	【部门规章】《道路运输车辆动态监督管理办法》 第二十五条　监控人员应当实时分析、处理车辆行驶动态信息,及时提醒驾驶员纠正超速行驶、疲劳驾驶等违法行为,并记录存档至动态监控台账;对经提醒仍然继续违法驾驶的驾驶员,应当及时向企业安全管理机构报告,安全管理机构应当立即采取措施制止;对拒不执行制止措施仍然继续违法驾驶的,道路运输企业应当及时报告公安机关交通管理部门,并在事后解聘驾驶员。

续上表

检查方法	检查标准	处罚依据及标准	检查记录
通过资料审查和现场核查的方式，对比企业车辆技术档案、从业人员档案等，检查卫星定位系统平台中是否完整录入车辆和驾驶员基础资料信息	抽查的车辆和驾驶员在卫星定位系统平台录入的基础资料完整		
1. 通过资料审查和现场核查的方式，抽查近期卫星定位系统平台中记录的各类违法违规报警信息是否及时处理。	1. 及时处理各类违法违规报警信息。	【部门规章】《道路运输车辆动态监督管理办法》 第三十五条　违反本办法的规定，道路运输企业有下列情形之一的，由县级以上道路运输管理机构责令改正。拒不改正的，处1000元以上3000元以下罚款： ……	

序号	检查事项	检查内容	检查依据
5	违法违规报警信息处置	卫星定位系统平台中记录的违法违规信息的处置情况	动态监控数据应当至少保存6个月，违法驾驶信息及处理情况应当至少保存3年。对存在交通违法信息的驾驶员，道路运输企业在事后应当及时给予处理。
6	卫星定位装置故障仍运营	卫星定位装置故障未上线仍运营情况	【部门规章】《道路运输车辆动态监督管理办法》 第二十六　道路运输经营者应当确保卫星定位装置正常使用，保持车辆运行实时在线。卫星定位装置出现故障不能保持在线的道路运输车辆，道路运输经营者不得安排其从事道路运输经营活动

续上表

检查方法	检查标准	处罚依据及标准	检查记录
2. 通过资料审查和现场核查的方式，检查企业是否对卫星定位系统平台中违法违规和报警次数多的重点驾驶员进行必要的处置和安全生产教育培训，并有相应的处置记录	2. 对卫星定位系统平台中违法信息和报警次数多的重点驾驶员有处置和培训教育措施	(二)未建立或者未有效执行交通违法动态信息处理制度、对驾驶员交通违法处理率低于90%的； ……	
通过资料审查、现场核查和线上核查的方式，检查企业正在运营的车辆是否均已上线，是否存在卫星定位装置故障但仍在运营的车辆	卫星定位装置出现故障及时报修，并确保其暂停经营活动	【部门规章】《道路运输车辆动态监督管理办法》 第三十六条　违反本办法的规定，道路运输经营者使用卫星定位装置出现故障不能保持在线的运输车辆从事经营活动的，由县级以上道路运输管理机构责令改正。拒不改正的或者改正后再次发生同类违反规定情形的，处200元以上800元以下罚款	

七、应急管理

序号	检查事项	检查内容	检查依据
1	应急预案	应急预案编制情况	1.【法律】《中华人民共和国安全生产法》 第八十一条　生产经营单位应当制定本单位生产安全事故应急救援预案，与所在地县级以上地方人民政府组织制定的生产安全事故应急救援预案相衔接，并定期组织演练。 2.【行政法规】《生产安全事故应急条例》 第五条　……生产经营单位应当针对本单位可能发生的生产安全事故的特点和危害，进行风险辨识和评估，制定相应的生产安全事故应急救援预案，并向本单位从业人员公布。 3.【行政法规】《中华人民共和国道路运输条例》 第三十一条　客运经营者、货运经营者应当制定有关交通事故、自然灾害以及其他突发事件的道路运输应急预案。应急预案应当包括报告程序、应急指挥、应急车辆和设备的储备以及处置措施等内容。 4.【部门规章】《交通运输突发事件应急管理规定》 第七条　……交通运输企业应当按照所在地交通运输主管部门制定的交通运输突发事件应急预案，制定本单位交通运输突发事件应急预案。

检查方法	检查标准	处罚依据及标准	检查记录
1. 通过资料审查的方式，检查企业是否按照相关法律法规规定制定应急预案。	企业按照规定制定应急预案，预案包括综合应急预案、专项应急预案和现场处置方案	【法律】《中华人民共和国安全生产法》 第九十七条　生产经营单位有下列行为之一的，责令限期改正，处十万元以下的罚款；逾期未改正的，责令停产停业整顿，并处十万元以上二十万元以下的罚款，对其直接负责的主管人员和其他直接责任人员处二万元以上五万元以下的罚款： …… （六）未按照规定制定生产安全事故应急救援预案或者未定期组织演练的； ……	

序号	检查事项	检查内容	检查依据
1	应急预案	应急预案编制情况	5.【部门规章】《生产安全事故应急预案管理办法》 第十六条　生产经营单位应急预案应当包括向上级应急管理机构报告的内容、应急组织机构和人员的联系方式、应急物资储备清单等附件信息。附件信息发生变化时,应当及时更新,确保准确有效。 第二十四条　……生产经营单位的应急预案经评审或者论证后,由本单位主要负责人签署,向本单位从业人员公布,并及时发放到本单位有关部门、岗位和相关应急救援队伍。事故风险可能影响周边其他单位、人员的,生产经营单位应当将有关事故风险的性质、影响范围和应急防范措施告知周边的其他单位和人员。 6.【部门规章】《道路货物运输及站场管理规定》 第三十三条　道路货物运输经营者应当制定有关交通事故、自然灾害、公共卫生以及其他突发公共事件的道路运输应急预案。应急预案应当包括报告程序、应急指挥、应急车辆和设备的储备以及处置措施等内容
2	应急预案修订	应急预案修订情况	【行政法规】《生产安全事故应急条例》 第六条　生产安全事故应急救援预案应当符合有关法律、法规、规章和标

续上表

检查方法	检查标准	处罚依据及标准	检查记录
2. 通过资料审查的方式，检查应急预案是否经主要负责人签发，并向相关人员公布			

序号	检查事项	检查内容	检查依据
2	应急预案修订	应急预案修订情况	准的规定，具有科学性、针对性和可操作性，明确规定应急组织体系、职责分工以及应急救援程序和措施。有下列情形之一的，生产安全事故应急救援预案制定单位应当及时修订相关预案： （一）制定预案所依据的法律、法规、规章、标准发生重大变化； （二）应急指挥机构及其职责发生调整； （三）安全生产面临的风险发生重大变化； （四）重要应急资源发生重大变化； （五）在预案演练或者应急救援中发现需要修订预案的重大问题； （六）其他应当修订的情形
3	应急队伍建设情况	企业配备应急队伍或者兼职应急救援人员	1.【行政法规】《生产安全事故应急条例》 第十二条　生产经营单位应当及时将本单位应急救援队伍建立情况按照国家有关规定报送县级以上人民政府负有安全生产监督管理职责的部门，并依法向社会公布。县级以上人民政府负有安全生产监督管理职责的部门应当定期将本行业、本领域的应急救援队伍建立情况报送本级人民政府，并依法向社会公布。

续上表

检查方法	检查标准	处罚依据及标准	检查记录
通过资料审查的方式,检查企业是否及时修订补充完善应急预案,尤其是应急指挥机构等发生调整,所依据的法律、法规、规章、标准发生重大变化时	企业根据需求及时修订完善应急预案	【部门规章】《生产安全事故应急预案管理办法》 第四十五条　生产经营单位有下列情形之一的,由县级以上人民政府应急管理部门责令限期改正,可以处1万元以上3万元以下的罚款: …… (五)未按照规定进行应急预案修订的; ……	
1. 通过资料审查和现场核查的方式,检查企业是否配备专职或者兼职应急救援人员。	1. 企业根据规模大小,配备专职或者兼职应急救援人员,有应急救援人员清单。		

序号	检查事项	检查内容	检查依据
3	应急队伍建设情况	企业配备应急队伍或者兼职应急救援人员	2.【部门规章】《交通运输突发事件应急管理规定》 第十四条　……交通运输企业应当根据实际需要,建立由本单位职工组成的专职或者兼职应急队伍。 第十七条　所有列入应急队伍的交通运输应急人员,其所属单位应当为其购买人身意外伤害保险,配备必要的防护装备和器材,减少应急人员的人身风险
4	应急培训	应急救援人员培训	【行政法规】《生产安全事故应急条例》 第十一条　应急救援队伍的应急救援人员应当具备必要的专业知识、技能、身体素质和心理素质。应急救援队伍建立单位或者兼职应急救援人员所在单位应当按照国家有关规定对应急救援人员进行培训;应急救援人员经培训合格后,方可参加应急救援工作。应急救援队伍应当配备必要的应急救援装备和物资,并定期组织训练。

续上表

检查方法	检查标准	处罚依据及标准	检查记录
2. 通过资料审查和现场核查的方式，检查企业是否给应急救援人员投保人身意外伤害保险。 3. 对照应急救援人员清单，通过座谈和询问的方式，了解应急救援人员是否熟悉自身工作职责	2. 企业为专职或者兼职应急救援人员购买人身意外伤害保险。 3. 抽查的应急救援人员清晰自身工作职责		
1. 通过资料审查和现场核查的方式，检查企业是否对应急救援人员进行岗前培训并定期组织训练。	1. 企业对应急救援人员进行岗前培训，有相应培训和训练记录。	【法律】《中华人民共和国安全生产法》 第九十七条　生产经营单位有下列行为之一的，责令限期改正，处十万元以下的罚款；逾期未改正的，责令停产停业整顿，并处十万元以上二十万元以下的罚款，对其直接负责的主管人员和其他直接责任人员处二万元以上五万元以下的罚款：	

序号	检查事项	检查内容	检查依据
4	应急培训	应急救援人员培训	第十五条　生产经营单位应当对从业人员进行应急教育和培训，保证从业人员具备必要的应急知识，掌握风险防范技能和事故应急措施
5	应急救援器材配备和维护保养	1. 配备必要的应急救援器材、设备和物资。	1.【行政法规】《生产安全事故应急条例》 第十一条　应急救援队伍应当配备必要的应急救援装备和物资，并定期组织训练。 2.【部门规章】《交通运输突发事件应急管理规定》 第十三条　交通运输主管部门、交通运输企业应当按照有关规划和应急预案的要求，根据应急工作的实际需要，建立健全应急装备和应急物资储备、维护、管理和调拨制度，储备必需的应急物资和运力，配备必要的专用应急指挥交通工具和应急通信装备，并确保应急物资装备处于正常使用状态

续上表

检查方法	检查标准	处罚依据及标准	检查记录
2. 通过现场核查的方式，随机抽查应急救援人员是否能够熟练操作应急救援器材	2. 应急救援人员能够熟练掌握常见的应急救援器材，如灭火器、防毒面具等	…… （三）未按照规定对从业人员、被派遣劳动者、实习学生进行安全生产教育和培训，或者未按照规定如实告知有关的安全生产事项的； ……	
1. 通过资料审查和现场核查的方式，检查企业是否配备必要的应急救援器材、设备和物资。 2. 通过资料审查和现场核查的方式，检查企业是否定期对应急救援器材进行维护保养	1. 企业按照有关规划和应急预案的要求，根据应急工作的实际需要，建立健全应急装备和应急物资储备、维护、管理和调拨制度。 2. 企业储备必需的应急物资和运力，配备必要的专用应急指挥交通工具和应急通信装备，	【法律】《中华人民共和国突发事件应对法》 第六十四条　有关单位有下列情形之一的，由所在地履行统一领导职责的人民政府责令停产停业，暂扣或者吊销许可证或者营业执照，并处五万元以上二十万元以下的罚款；构成违反治安管理行为的，由公安机关依法给予处罚： …… （三）未做好应急设备、设施日常维护、检测工作，导致发生严重突发事件或者突发事件危害扩大的； ……	

序号	检查事项	检查内容	检查依据
5	应急救援器材配备和维护保养	2. 对器材进行维护、保养，保证正常运转	
6	应急演练	应急预案演练情况	【部门规章】《交通运输突发事件应急管理规定》 第二十一条　交通运输主管部门、交通运输企业应当根据本地区、本单位交通运输突发事件的类型和特点，制定应急演练计划，定期组织开展交通运输突发事件应急演练

续上表

检查方法	检查标准	处罚依据及标准	检查记录
	并确保应急物资装备处于正常使用状态。 3. 企业定期维护、保养、检测应急物资设备，保证其正常运转，有相应的维护记录		
1. 通过资料审查的方式，检查企业是否制定应急演练计划。 2. 通过资料审查、现场核查、座谈和询问等方式，检查企业是否定期开展应急演练，演练频次是否符合要求。	1. 企业制定应急演练计划。 2. 企业按照计划定期开展应急演练，有应急预案演练记录，且至少每半年组织1次应急演练。	【法律】《中华人民共和国安全生产法》 第九十七条　生产经营单位有下列行为之一的，责令限期改正，处十万元以下的罚款；逾期未改正的，责令停产停业整顿，并处十万元以上二十万元以下的罚款，对其直接负责的主管人员和其他直接责任人员处二万元以上五万元以下的罚款： …… （六）未按照规定制定生产安全事故应急救援预案或者未定期组织演练的； ……	

八、风险分级管控与隐患排查治理

序号	检查事项	检查内容	检查依据
1	隐患排查	隐患排查制度	【法律】《中华人民共和国安全生产法》 第四十一条　生产经营单位应当建立健全并落实生产安全事故隐患排查治理制度，采取技术、管理措施，及时发现并消除事故隐患。事故隐患排查治理情况应当如实记录，并通过职工大会或者职工代表大会、信息公示栏等方式向从业人员通报。其中，重大事故隐患排查治理情况应当及时向负有安全生产监督管理职责的部门和职工大会或者职工代表大会报告。 第四十六条　生产经营单位的安全生产管理人员应当根据本单位的生产经营特点，对安全生产状况进行经常性检查；对检查中发现的安全问题，应当立即处理；不能处理的，应当及时报告本单位有关负责人，有关负责人应当及时处理。检查及处理情况应当如实记录在案
2	隐患治理闭环管理	隐患治理闭环管理	【法律】《中华人民共和国安全生产法》 第四十一条　生产经营单位应当建立健全并落实生产安全事故隐患排查治理制度，采取技术、管理措施，及时发现并消除事故隐患。事故隐患排查治理情况应当如实记录，并通过

检查方法	检查标准	处罚依据及标准	检查记录
通过资料审查的方式，检查企业是否制定隐患排查制度，包括隐患排查、告知（预警）、整改、评估验收、报备、奖惩考核、建档等信息	1. 企业制定隐患排查制度，内容齐全。 2. 企业定期开展隐患排查	【法律】《中华人民共和国安全生产法》 第九十四条　生产经营单位的主要负责人未履行本法规定的安全生产管理职责的，责令限期改正，处二万元以上五万元以下的罚款；逾期未改正的，处五万元以上十万元以下的罚款，责令生产经营单位停产停业整顿	
1. 通过资料审查的方式，检查企业是否建立并落实安全生产事故隐	1. 企业建立并落实安全生产事故隐患排查治理制度。	【法律】《中华人民共和国安全生产法》 第九十七条　生产经营单位有下列行为之一的，责令限期改正，处 10 万元以下的罚款；逾期未改正的，责令停产停业	

序号	检查事项	检查内容	检查依据
2	隐患治理闭环管理	隐患治理闭环管理	职工大会或者职工代表大会、信息公示栏等方式向从业人员通报。其中，重大事故隐患排查治理情况应当及时向负有安全生产监督管理职责的部门和职工大会或者职工代表大会报告。
3	重大隐患报备（如有）	重大隐患排查、管控、整改、验收和报备情况	【法律】《中华人民共和国安全生产法》 第四十六条　生产经营单位的安全生产管理人员在检查中发现重大事故隐患，依照前款规定向本单位有关负责人报告，有关负责人不及时处理的，安全生产管理人员可以向主管的负有安全生产监督管理职责的部门报告，接到报告的部门应当依法及时处理

续上表

检查方法	检查标准	处罚依据及标准	检查记录
患排查治理制度。 2. 检查企业是否对排查出的隐患进行分级整改,并确保整改措施到位,及时发现和消除事故隐患	2. 企业对排查出的隐患进行及时整改,并组织验收,有验收记录	整顿,并处十万元以上二十万元以下的罚款,对其直接负责的主管人员和其他直接责任人员处二万元以上五万元以下的罚款: …… (五)未将事故隐患排查治理情况如实记录或者未向从业人员通报的; ……	
1. 通过资料审查和现场核查的方式,查看企业是否存在重大隐患。 2. 通过资料审查的方式,检查企业是否对存在的重大隐患建立专项整改方案,并按照"五定"原则确保整改措施到位。	1. 企业按照相关要求定期对企业进行隐患排查,识别重大隐患。	【法律】《中华人民共和国安全生产法》 第一百零二条　生产经营单位未采取措施消除事故隐患的,责令立即消除或者限期消除,处五万元以下的罚款;生产经营单位拒不执行的,责令停产停业整顿,对其直接负责的主管人员和其他直接责任人员处五万元以上十万元以下的罚款;构成犯罪的,依照刑法有关规定追究刑事责任	

序号	检查事项	检查内容	检查依据
3	重大隐患报备（如有）	重大隐患排查、管控、整改、验收和报备情况	

续上表

检查方法	检查标准	处罚依据及标准	检查记录
3. 通过资料审查和系统核查等方式，检查企业是否按照规定及时向属地负有安全生产监督管理职责的管理部门及时报备重大隐患信息	2. 企业按照要求建立重大隐患专项整改方案，落实整改和管控措施，确保整改到位。 3. 企业按照要求进行重大隐患信息报备和销号。 4. 企业对相关责任人进行处理，并开展针对性培训教育		

九、事故报告与处理[1]

序号	检查事项	检查内容	检查依据
1	事故[1]报告	1. 及时、准确、完整地报告事故。	1.【法律】《中华人民共和国安全生产法》 第八十三条　生产经营单位发生生产安全事故后，事故现场有关人员应当立即报告本单位负责人。 单位负责人接到事故报告后，应当迅速采取有效措施，组织抢救，防止事故扩大，减少人员伤亡和财产损失，并按照国家有关规定立即如实报告当地负有安全生产监督管理职责的部门，不得隐瞒不报、谎报或者迟报，不得故意破坏事故现场、毁灭有关证据。 2.【行政法规】《生产安全事故报告和调查处理条例》 第九条　事故发生后，事故现场有关人员应当立即向本单位负责人报告；单位负责人接到报告后，应当于1小时内向事故发生地县级以上人民政府安全生产监督管理部门和负有安全生产监督管理职责的有关部门报告。情况紧急时，事故现场有关人员可以直接向事故发生地县级以上人民政府安全生产监督管理部门和负有安全生产监督管理职责的有关部门报告。

[1] 生产安全事故是指在生产经营活动中发生的造成人身伤亡或者直接经济损失的行为。

检查方法	检查标准	处罚依据及标准	检查记录
1. 通过资料审查、跨部门信息共享等方式，检查企业是否按规定上报事故，是否存在未按规定报告事故，以及迟报、漏报等问题。 2. 通过资料审查和现场核查的方式，检查企业是否规范记录事故情况，有相应事故报告、统计与处理台账，并按照要求及时	1. 企业据实报告本单位发生的事故，不存在未按规定报告事故，以及迟报、漏报等问题。 2. 企业建立事故事故报告、统计与处理台账。	【行政法规】《生产安全事故报告和调查处理条例》 第三十五条　事故发生单位主要负责人有下列行为之一的，处上一年年收入 40% 至 80% 的罚款；属于国家工作人员的，并依法给予处分；构成犯罪的，依法追究刑事责任： …… （二）迟报或者漏报事故的； ……	

序号	检查事项	检查内容	检查依据
1	事故报告	2. 当出现新情况的，及时补报	第十三条　事故报告后出现新情况的，应当及时补报。自事故发生之日起30日内，事故造成的伤亡人数发生变化的，应当及时补报。道路交通事故、火灾事故自发生之日起7日内，事故造成的伤亡人数发生变化的，应当及时补报。

续上表

检查方法	检查标准	处罚依据及标准	检查记录
向行业主管部门上报。 3. 通过资料审查、跨部门信息共享等方式，检查企业事故补报(需要时)情况，检查是否存在自事故发生之日起30日内，事故造成的伤亡人数存在变化，以及道路交通事故、火灾事故自发生之日起7日内，事故造成的伤亡人数存在变化，需要及时补报但不报、迟报等情形	3. 企业不存在谎报或者瞒报事故的情形，出现新情况时及时补报	第三十六条　事故发生单位及其有关人员有下列行为之一的，对事故发生单位处100万元以上500万元以下的罚款；对主要负责人、直接负责的主管人员和其他直接责任人员处上一年年收入60%至100%的罚款；属于国家工作人员的，并依法给予处分；构成违反治安管理行为的，由公安机关依法给予治安管理处罚；构成犯罪的，依法追究刑事责任： (一)谎报或者瞒报事故的； (二)伪造或者故意破坏事故现场的； (三)转移、隐匿资金、财产，或者销毁有关证据、资料的； (四)拒绝接受调查或者拒绝提供有关情况和资料的； (五)在事故调查中作伪证或者指使他人作伪证的； (六)事故发生后逃匿的	

序号	检查事项	检查内容	检查依据
2	事故调查与处理	1. 由企业自行调查的，组织调查并撰写调查报告。	1.【法律】《中华人民共和国安全生产法》 第八十六条　事故调查处理应当按照科学严谨、依法依规、实事求是、注重实效的原则，及时、准确地查清事故原因，查明事故性质和责任，评估应急处置工作，总结事故教训，提出整改措施，并对事故责任单位和人员提出处理建议。事故调查报告应当依法及时向社会公布。事故调查和处理的具体办法由国务院制定。 事故发生单位应当及时全面落实整改措施，负有安全生产监督管理职责的部门应当加强监督检查。 负责事故调查处理的国务院有关部门和地方人民政府应当在批复事故调查报告后一年内，组织有关部门对事故整改和防范措施落实情况进行评估，并及时向社会公开评估结果；对不履行职责导致事故整改和防范措施没有落实的有关单位和人员，应当按照有关规定追究责任。

续上表

检查方法	检查标准	处罚依据及标准	检查记录
1. 通过资料审查、跨部门信息共享和现场核查等方式，查看企业是否按照要求组织事故调查，并撰写事故调查报告。 2. 通过资料审查和现场核查的方式，检查企业事故报告、统计与处理台账，核查企业是否按规定对相关人员进行处理，对从业人员开展警示教育。	1. 企业按照要求进行事故调查或者配合事故调查组进行调查。 2. 企业自行调查的事故按照要求撰写事故调查报告，并归档保存。	【行政法规】《生产安全事故应急预案管理办法》 第三十六条　事故发生单位及其有关人员有下列行为之一的，对事故发生单位处 100 万元以上 500 万元以下的罚款；对主要负责人、直接负责的主管人员和其他直接责任人员处上一年年收入 60% 至 100% 的罚款；属于国家工作人员的，并依法给予处分；构成违反治安管理行为的，由公安机关依法给予治安管理处罚；构成犯罪的，依法追究刑事责任： （一）谎报或者瞒报事故的；	

序号	检查事项	检查内容	检查依据
2	事故调查与处理	2. 依法需要由主管部门组织调查的，配合调查工作	2.【行政法规】《生产安全事故报告和调查处理条例》 第十九条　特别重大事故由国务院或者国务院授权有关部门组织事故调查组进行调查。 重大事故、较大事故、一般事故分别由事故发生地省级人民政府、设区的市级人民政府、县级人民政府负责调查。省级人民政府、设区的市级人民政府、县级人民政府可以直接组织事故调查组进行调查，也可以授权或者委托有关部门组织事故调查组进行调查。 未造成人员伤亡的一般事故，县级人民政府也可以委托事故发生单位组织事故调查组进行调查。 第三十条　事故调查报告应当包括下列内容： （一）事故发生单位概况； （二）事故发生经过和事故救援情况； （三）事故造成的人员伤亡和直接经济损失； （四）事故发生的原因和事故性质； （五）事故责任的认定以及对事故责任者的处理建议；

续上表

检查方法	检查标准	处罚依据及标准	检查记录
3. 通过资料审查的方式，检查企业是否制定并落实事故防范和整改措施。	3. 对事故相关人员进行处理，并对事故相关人员进行培训教育，对从业人员开展警示教育，有相关台账或记录。	（二）伪造或者故意破坏事故现场的； （三）转移、隐匿资金、财产，或者销毁有关证据、资料的； （四）拒绝接受调查或者拒绝提供有关情况和资料的； （五）在事故调查中作伪证或者指使他人作伪证的； （六）事故发生后逃匿的	

序号	检查事项	检查内容	检查依据
2	事故调查与处理		(六)事故防范和整改措施。事故调查报告应当附具有关证据材料。事故调查组成员应当在事故调查报告上签名。 第三十三条　事故发生单位应当认真吸取事故教训,落实防范和整改措施,防止事故再次发生

续上表

检查方法	检查标准	处罚依据及标准	检查记录
4. 通过现场核查、座谈询问等方式，检查从业人员是否吸取事故教训，落实防范和整改措施	4. 企业根据事故情况制定防范措施，并落实整改措施		

附录　道路运输安全生产行政检查工作汇总表(式样)

<table>
<tr><td>被检查单位</td><td colspan="2"></td></tr>
<tr><td>检查方式</td><td colspan="2"></td></tr>
<tr><td>具体检查情况(可以附相关影像、图片、文件等材料)</td><td colspan="2">(可以加附页)</td></tr>
<tr><td colspan="3">检查意见:
(可以加附页)</td></tr>
<tr><td colspan="2">检查人员(签名):________</td><td>被检查单位(盖章):________
被检查单位负责人(签名):________</td></tr>
<tr><td colspan="3">检查日期:________年________月________日</td></tr>
</table>

注:本表一式3份,监管部门存留2份,被检查单位存留1份。